U0535626

冷湖 著

逆势突围

THINK OUTSIDE
THE BOX

长江出版社
CHANGJIANG PRESS

图书在版编目（CIP）数据

逆势突围 / 冷湖著 . — 武汉：长江出版社，2024.9. ISBN 978-7-5492-9567-8

Ⅰ.B84-49

中国国家版本馆 CIP 数据核字第 2024LF0697 号

逆势突围 / 冷湖　著
NISHI TUWEI

出　　版	长江出版社	
	（武汉市解放路大道 1863 号　邮政编码：430010）	
选题策划	天河世纪	
市场发行	长江出版社发行部	
网　　址	http://www.cjpress.cn	
责任编辑	张艳艳	
印　　刷	三河市元兴印务有限公司	
版　　次	2024 年 9 月第 1 版	
印　　次	2024 年 9 月第 1 次印刷	
开　　本	710mm×1000mm　1/32	
印　　张	8	
字　　数	151 千字	
书　　号	ISBN 978-7-5492-9567-8	
定　　价	49.80 元	

版权所有，侵权必究。如有质量问题，请与本社联系退换。
电话：027-82926557（总编室）　027-82926806（市场营销部）

目录

序言   1

第一章   当代烦恼图鉴：别让焦虑控制自己

1. 贴标签恐惧症：你不需要被别人定义   002
2. 当 Emo 成为流行病，先给思想"杀杀毒"   008
3. 给认知解封："后疫情时代"还有机会吗   013
4. 躺平还是卷赢，人生其实是开放式结局   019
5. 人工智能危机：打败你的不是智能而是人工   024
6. 短视频时代，更需要慢思考和系统学习   028

第二章   普通人成为逆袭高手，必会的成长思维

1. 黄金圈思维让你成为"人间清醒"   036
2. 世界顶级学习方法，你知道多少   043

3. 杜绝"二极管"思维：任何时候都要学会变通　　048
4. 以动制静：成长思维让人生不设限　　054
5. T 型思维：把中年危机留给老板　　060
6. 结果导向让你进入"开挂"模式　　066

第三章　你可以恐惧社交，但不能恐惧社会规则

1. 高情商不过是会阅读"社交说明书"　　072
2. 朋友圈法则：越精简越突出优质感　　077
3. 讨好型人格，讨好的只是你自己　　081
4. 陪伴规则：关系越长久越要算得失　　087
5. 合作规则：要敢于面对冲突　　092

第四章　成功者正确打开方式：锤炼底层思考能力

1. 破解舒适区魔咒：变量思维 PK 定量思维　　100
2. 提升效率最好的方法，绝不是靠"挤时间"　　106
3. 为什么你不在华尔街，因为缺少"个人品牌力"　　111
4. 失败源于盲区：经验主义如何套路了你　　117
5. 风口不是靠吹，是靠成长势能来推　　122
6. 人设定律：让成功来得更潇洒　　128

第五章　适者生存，创新思维帮你通过优胜劣汰

1. 创新路径：从培养好奇心到产生怀疑心　　134
2. 内卷时代，借别人试错寻找新视角　　140
3. 半破半立：传统不一定非要颠覆不可　　145
4. 用"分期付款"给创新上保险　　150
5. "双碳"创新启示录：目标倒逼法　　155

第六章　可怕的"自律陷阱"，正在拖垮你的人生

1. 这不是毒鸡汤：越自律才越自由　　162
2. "懒癌"晚期，先把佛系心送走　　168
3. 凌晨遛狗：看这些狠人的时间管理　　173
4. 趁你还年轻，惩罚就是最好的奖励　　178
5. 效率觉醒：打通意志力的任督二脉　　183

第七章　用逆向思维，破解金钱规律密码

1. 贫穷思维解套：亏本是因为动机不对　　190
2. 想要财富自由，先要打造"财富产房"　　196
3. 打工人的扎心真理：越穷越忙，越忙越穷　　201

4. 富人在想什么？把蛋糕做大　　206

5. KPI在哪里，财富的上限就在哪里　　212

第八章　摆正心态指针，开启积极人生

1. 每天扮演情绪稳定的成年人　　218
2. 对自己忠诚是好心态的基本盘　　225
3. 拓展心态宽度：越谨慎越会一无所有　　230
4. 想要做成一件事时，就要先学会忍受孤独　　235
5. 这世上哪有什么完美，你要做的是接受自己　　241

序 言

对于多数人而言,人生中的顺境是短暂的,逆境则是漫长的。在如今竞争愈演愈烈、不确定性和复杂性加剧的环境下,我们都面临着更多的困难和挑战。当面对危机或者逆境的时候,每个人做出的选择各有不同,有的人会陷入迷茫甚至会彻底绝望,有的人则能在逆境中突围、逆流而上,最终逆袭成功。

为什么会出现这样的差别呢?主要是人的思维模式各异。正如世界上找不到完全相同的两片树叶一样,不同的人会有不同的思维模式,也会遵照各自的思维模式去分析、解决问题,最终走出了千姿百态的人生之路。

幸运的是,人毕竟不是树叶。树叶的品种、色彩和纹路等特征按照自然生长的规律基本是不变的,人的思维模式却是可以改变的。想要逆势突围必然要打破原有规则,让认知思维不断归零重置,这样才能从逆境中突出重围,实现全方位的跃迁。通过学习、思考和社会实践等都能形成新的思维模式以及修正错误的思维模式，最终形成一套符合社会生存法则的思维模型。那么，值得我们思考研究的是，在五花八门的思维模式中，哪一种更适合我们呢？

既然我们的人生经常会遭遇逆境，很多时候继续按照原来的惯性思维大概率是难以取得大的突破的，那么我们可以转换一下思维，尝试用逆向思维去看看能不能更好地解决问题。

什么是逆向思维？它是一种相对于惯性思维模式反其道而行之的思考方式。和一般的正向思维不同，逆向思维更关注相反的方向，通过反向思考来分析、解决问题。无论你是身处逆境，还是想快速成长，逆向思维都能赋予你更多的灵活性和创造力。它能够帮助我们深入思考和解决问题，激发个人潜能，给人生带来更多的可能。

逆向思维并不是一种脱离实际的思考方式，它在现代社会中有着广泛的应用：在自我认知领域，它能让我们知道该如何正确地认识自己，并客观描述我们与他人和世界的关系；在社交领域，它能让我们学会更好地识别他人的情绪，以及恰当地表达自己的情感和观点；在工作领域，它能给我们提供创新的思路，并优化传统的工作方法。

逆向思维背离常规的特征，能够让我们在盲目跟风、缺乏独立思考的社会风气中保持足够的清醒和冷静，让我们能在困境中破局、在消沉中奋起、在试错中顿悟，从而拥有别样的精彩人生。

法有定论，兵无常形。如今我们生活的时代瞬息万变，竞争日趋激烈，人与人的思维模式也越来越同质化。要想在时代的潮流中弄潮崛起，在残酷的竞争中脱颖而出，在盲动的人潮中逆流而上，就要大胆突破常规，学会使用逆向思维，使之成为你开拓崭新人生的指路灯。

本书从认知、社交、成功、创新、自控、财富、心态等多个领域模块切入，分门别类地针对不同领域介绍逆向思维的应用法则；既有理论讲解又有实战分析，给刚步入社会的年轻人和工作长年没有突破性发展的职场人一些实用性建议。以点拨、引导的方式将逆向思维的火种播撒在你的大脑之中，让你在掩卷深思之际豁然开朗，迸发出逆势突围的灵感与勇气。

第一章

当代烦恼图鉴：
别让焦虑控制自己

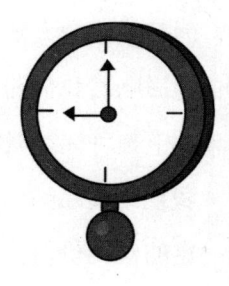

1. 贴标签恐惧症：你不需要被别人定义

网络上曾经有这样一个热门话题："如果你30岁的时候还没有进入管理层，你的人生就没有前途了。"这个话题在网上解析的角度有很多，但大体可以知道它反映了两个层面的问题：贴标签和贩卖焦虑。

标签是什么？从商业领域阐述就是"用来标志产品目标和分类或内容的关键词"。如果把这个词套用在人的身上，就是对一个人的关键词定义。例如，学生时代会被贴上乖巧、聪明、优等生等标签，参加工作后会被贴上实习生、社畜、打工人、月光族、成功人士等标签。"标签"往往会贯穿我们人生的每一个阶段，而且我们的大脑也在持续吸纳着这些意见，最终它们会潜移默化地影响着我们的人生走向。现在问题来了：为什么一定要给别人贴上某种标签呢？这些所谓的标签为什么会影响我们呢？

我们给商品贴标签，是为了帮助顾客快速产生消费决策，有着一定的营销价值。同理，人如果被贴上标签，那么在社交、舆论等领域也能帮助人们快速地做出判断。然而，站在被贴标签者的角度看，这种行为明显是一种不负责任的臆断。

回到开篇提到的问题：如果你30岁的时候还没有进入管理层，你的人生就没有前途了。

先不用分析结论是否正确，单单是"前途"这个词就很难定义。年薪100万还是控股30%，抑或是拥有1000万粉丝？又或者说30岁不结婚一定会孤独终老吗？35岁没房没车，一辈子注定是loser（失败者）吗？诸如此类问题，到底谁有定义这个标准的权力呢？

其实，贴标签对一些人来说根本就不是信息筛选，而是纯粹的刻板印象，这种行为就是心理学上的"动机性推理"。

"动机性推理"指的是如果事先产生了某种强烈动机，那么在推理的过程中就会朝着这个方向进行推导，类似于"先射箭后画靶"。

你身边很可能存在这种热衷于"动机性推理"的人，看到你工作两年没有升职，于是马上以过来人的口吻给你上思想教育课："看你能力也不差，两年了还没升职，那肯定是人际关系没处理好啊……"你听了以后一脸懵："不是啊，我和同事、领导的关系都处得挺好，工作之外也经常聊天聚会……"然而对方马上来了精神："没事找你聊天就是想搜集你的八卦信息好背后整你啊，同事聚会不过是为了让面子上过得去……"

当一个人试图对你进行"动机性推理"的时候,其实就从侧面证明了另一个事实:对方对你已经有了"预设立场"。

"预设立场"是根据自身的好恶预先设定的对待人或事的态度或者观点。给你贴上"低情商"标签的那个人,大概率对你之前的某次交往产生了负面印象。并不是你犯了错误,可能只是你少夸了对方一句话甚至是在言语上没有给对方让路,于是便会对你产生主观臆断。

或许有人会说,远离这种人不就好了吗?可是,如果这种人代表的不是某个个体,而是一种普遍的社会现象呢?由此,也就涉及了另一个问题:焦虑。

贴标签的尽头不是刻板印象,而是由此带给我们的焦虑感。

当你被贴上"低情商"的标签后,需要在意的不是这个标签本身,而是别人对这个标签的解读和反馈:朋友会因为你"情商低"不愿意带你一起玩,领导会因为你"情商低"不敢把重要的客户推给你……你的生活和工作都将会被这个负面标签影响甚至颠覆。

想要拥有不被定义的人生,不是要去改变给你贴标签的人,而是要改变被贴标签的心态。不要被他人的看法左右,突破常规的思维方式,转换为逆向的思维模式,以最有效的方式去应对被别人标签化。

逆向思维从本质上看是一种求异、求变的思维,它是对我们

见怪不怪、已成定论的事物反向思考的一种思维方式，通过反其道行之让我们从对立的角度思考问题并尝试找到解决方法，从而获得认知上的提升、视野上的开阔、心态上的转变以及人生的逆转。

现在再回到开篇的问题：如果你30岁的时候还没有进入管理层，你的人生就没有前途了。

遇到这个焦虑源，我们首先要做的是避免采用正向思维去分析，即：30岁没有进入管理层代表职位低、薪资低、评价低，继而人生没有前途。

面对被贴标签时，如果采用正向思维等于默认了对方主观臆断提出的前提和结论是正确的，但是如果我们用逆向思维进行分析的话结果就会大不相同。

逆向思维：人生没有前途的征兆是30岁没有进入管理层？

把前提和结论互换后就要进行反推，看看是否能找到其中的漏洞。方法也很简单，你把社会上或者身边公认的成功人士找出来，看看他们的经历是否能验证这个逻辑，相信你很快就会发现其中的漏洞：A做带货主播，30岁了也没混进管理层，但是一场直播下来少则十几万多则上百万的收益；B和老婆开了夫妻店，30岁了也没当上"××总"，可是月净利润20万，而老婆还是B的"直属唯一上级"；C毕业后一直没找到正儿八经的工作，但是是绘画高手，30岁了还是单干，可是一张画出手就价值不菲……

通过逆向推导，你会发现以"进入管理层"作为评判的标准完全不具有普适性，因为它忽视了不同职业的差异性。当然肯定有人会说：我不是自由职业者也不是大师，我就是职场的打工人，30岁没混进管理层，这条结论总该适合我了吧？如果你这么仓促就下了定论，说明你还没有弄懂逆向思维的核心。它是让你反向思考，不被看似"正向推导"的结论所束缚，所以它的切入点也并非只有一个。接下来，我们可以把反向推导的重点从"成为管理层"转变为"30岁"：

>宗庆后42岁创业建立娃哈哈食品厂，任正非43岁成立华为。广义上讲，他们的人生还是聚焦在了职场，可他们人生的前半段不仅算不上成功甚至可以说过得十分"狼狈"。任正非被骗了200万又遭南油集团除名，妻子弃他而去，身后还有老人、孩子、兄弟姐妹要养活；宗庆后常年从事体力劳动，骑着三轮去卖冰棍。

如果以30岁作为标准来评判他们，这明显是不正确的。无论是"成为管理层"还是"30岁"，都是完全未经过实践检验的、不具有普遍性甚至是逻辑性的结论，它根本不能定义你的人生。

逆向思维不是盲目地反对所有结论，而是尝试从不同角度质疑。当你找到了其中存在的漏洞时，它就发挥了反驳的作用；而如果你确实发现该结论无懈可击，那逆向思维也能起到检验论证的作用。

　　其实，我们是什么样的人，我们的人生会在何时起飞，大部分是由我们自己的认知和心态来决定的，一小部分是由时代、环境甚至是运气决定的，但绝不会是由别人的评价来决定的。当你的30岁在别人眼中被定义为"碌碌无为"时，你可能正在灯下埋头写着一份创业计划，当你被别人轻易地定义为"低情商"时，你却保持着微笑没有反驳对方……我们的世界就是生活在看得见的"表象"和看不见的"内在"这两个维度中，对于你来说，**把握内在才是决定表象的关键，而不要用别人定义的表象去左右你的内在**。最后切记：无论焦虑从哪里来，它都要经过你的大脑进行信息加工，只要在这个环节对信息去伪存真，就没有什么烦恼能困扰你。

2. 当 Emo 成为流行病，先给思想"杀杀毒"

如今在互联网上，你总能看到这样一种表达方式：娱乐圈吃个瓜把自己整"Emo"了，考完试以后"Emo"了，和朋友聊天"Emo"了，甚至追个剧都能"Emo"了，以至于和别人打招呼都忘不了来上一句：今天，你 Emo 了吗？

"Emo"全称是"Emotional Hardcore"，原指的是一种情绪化的摇滚风格，而互联网泛用的"Emo"是指人们生活中压抑和消沉的情绪，用其他词汇替换就是"我不开心了""我郁闷了"等等。实际上，这种情绪化的表达方式早在前几年就在互联网上成为一种"流行病"了，比如 2018 年的"丧"文化、2019 年的"自闭"、2020 年的网抑云，等等。

为什么"Emo"成为一个在年轻人群体中高频流传的单词呢？一方面，当代年轻人确实承受着一些心理压力；另一方面，随着网络媒体的发达，让很多抑郁症的案例频繁地出现在人们的视野，活跃的年轻人自然就成了传播的主力军，演化出了一部分

"伪抑郁症患者"。当然，这里所说的"伪抑郁症患者"其实只是轻微的"抑郁"，比如对工作的焦虑、对生活的悲观等。

从本质上看，上述两个方面反映的都是同一个问题，那就是在承受压力后人们对自己心情的描述和一种自我标签。

在经济下行时期，职场的内卷现象越来越严重，这就让很多年轻人承受的压力变大，几千块的收入，去掉房租、水电费和人情往来的开销之后，真正用于自由支配的额度少之又少。无法实现财富自由，就会很容易走向低落的、消极的情绪状态。更重要的是，网络上有那么一批人，喜欢热衷于把自己归类为抑郁症患者，加上网络媒体的发酵和传播，就让抑郁症成了一个被过度使用、被集体泛化的概念。

人的一生不可能一帆风顺，刚刚走出校门进入职场的年轻人还处于成长阶段，感情经历简单，未经过磨砺，经济基础也相对薄弱。在这种情况下遇到不顺心的事情是再正常不过的了，就算是能力非凡、经济条件优渥的人，也会有情绪低落的时候。但是，很多人对坏情绪没有摆正心态，不仅采取了错误的归因方式，甚至还主动强化了坏情绪对我们的实际影响，这其实和我们大脑的一种心理机制有关——思维反刍。

思维反刍也叫"反刍式思维"，指人们过于沉溺在消极的思想和情绪状态中，反过来强化负面思想和情绪，导致悲伤、沮丧、焦虑等负面感觉持续强烈，严重者会将这些负面情绪转化为对他人的攻击。

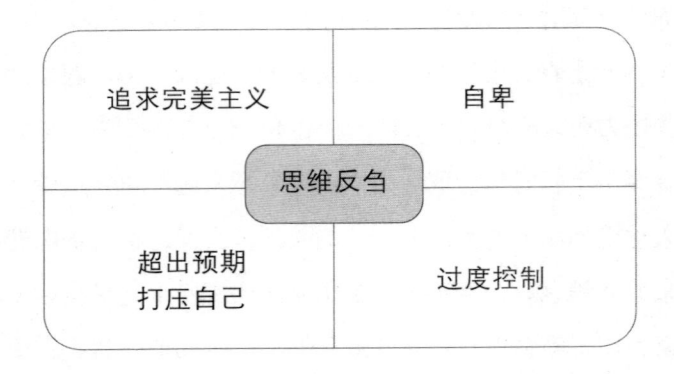

追求完美主义	自卑
<center>思维反刍</center>	
超出预期 打压自己	过度控制

　　反刍原本是一个生物学名词，诸如牛、羊等动物拥有好几个胃室，平时会把食物储存在胃室中，有空的时候就让食物从胃倒流到嘴巴里反复咀嚼，如此循环往复。从这个运行机制看，如果积极地利用它，是能够帮助我们复盘发生过的事情，总结经验和教训，从而避免重蹈覆辙。但是，如果把复盘的对象换成了负面情绪，而反刍机制开启后又很难停下来，同时还会占据大脑的记忆空间，分散我们对积极事物的注意力，最终就会让我们沉浸在负面情绪的循环里无力自拔。

　　反刍式思维存在于每个人的大脑机制中，即便你没有过童年创伤、家庭阴影以及人生磨难，你也会在这种机制的作用下随时随地陷入情绪的低谷。这就是"Emo"能够广泛地在年轻人的群体中流传的根基，因为它不需要特别的前置条件，只要你的大脑能够正常工作，就会受到这种机制的影响。

分析到这里，可能有人立即找到了答案：既然反刍思维能让我持续地"Emo"，那我关掉这个机制不就解决问题了吗？

这个方法显然是行不通的，因为我们越是想抑制反刍思维，就越可能会强化我们对负面情绪的感知度。正确的做法应该是，当反刍思维开启后，我们要先去寻找事件背后的意义，然后通过改变呼吸、运动、转换视角、分散注意力等方法，有效缓解它所带来的负面影响。只要巧妙转换，我们就能和反刍思维"化敌为友"，充分发挥它的积极作用，淡化它的消极影响。

美国著名脱口秀主持人奥普拉·温弗瑞童年的经历写满了贫困和虐待，这使她内心承受巨大的压力，她也经常为此感到困扰和不安。她变得特别关注自己的情绪，每当遭遇负面情绪时，她都会及时转移注意力，把关注点放到自己获得的成绩上，将负面的情绪转化为积极的能量。

温弗瑞的负面情绪转移就是一种逆向思维：既然我躲不开情绪感知，那就不妨多感知积极的情绪，转移对消极情绪的注意力。

古希腊哲学家苏格拉底曾经问学生：怎样才能除掉农田里的杂草？有的学生回答"用手拔除"，有的回答"用镰刀割掉"，还有的说"用火烧掉"。听了学生们的回答后，苏格拉底说："要想去除杂草，最好的办法是在地上种上庄稼。"同理，想要消灭我们思维和情绪中的"杂草"，最好的办法是用有意义的事情来替代，而不是费尽心力地去抑制它，避免让反刍思维反复咀嚼负面情绪。

那么在现实生活中，我们如何在出现"杂草"后"种庄稼"呢？最常见也是最实用的方法是写日记、呼吸放松训练、运动以及听音乐等。其中效果最显著的就是改善人际关系，参加健康向上的社交活动。

如今很多年轻人，越来越喜欢封闭自我，对社交和恋爱都产生强烈的排斥感，虽然这是一种个人选择，本无可厚非，但盲目抵制健康的社交和恋爱也是一种片面的认知。与其宅在家中听着"网抑云"、发着"Emo"的表情包，不如打开门，接触更广阔的天地，通过运动和交流去感受人间烟火，那时你会发现自己已经没空感受"Emo"的存在了。

美国分析学家卡伦·霍妮在《我们内心的冲突》一书中写道：**"我们越能正视自己内心的冲突，我们就越能收获内心的自由。"** 其实任何时候，我们最大的敌人都是我们自己。我们可以成为"思维反刍"的制造者，也可以成为"思维反刍"的引导者。**当我们把注意力集中在积极的、正向的事物上时，我们的大脑就自动完成了一次高效的病毒清理，而它所剿杀的对象就是我们内心世界的"杂草"。**

3. 给认知解封："后疫情时代"还有机会吗

自从新冠疫情暴发以来，全世界都陷入前所未有的"非常态化"生活，无论是人类的经济发展、政治外交还是心理状况，都在不同程度上受到了影响。近些年，惶恐、迷茫、焦虑、懊恼等负面情绪充斥于不少人的内心，让人们或多或少地感觉到一种无力感。

如今的"后疫情时代"意味着什么？对普通人来说感知度最强烈的就是全球经济的不稳定，在这样的大环境影响下，大部分人的工作和生活轨道都在发生变化，尤其是对于刚步入社会的年轻人来说，之前在校园中树立的理想和期望似乎正在落空，未来该何去何从呢？

经济低迷带来的蝴蝶效应，有的企业裁员，有的产品涨价，未来可能还存在着更加不可预测的传递结果。有经济学家预言，未来十年全世界的主要矛盾是通货膨胀和物资短缺。因此在后疫情时代，生活不再是简单的适者生存，而是能者生存和强者生存。

2022年3月,世界卫生组织(WHO)发布的科学简报中称,新冠疫情导致全球抑郁症的发病率大幅上升了28%。显然在疫情冲击下,人们的工作和生活压力持续增加,而压力本身就是诱发和加剧抑郁症的主要因素之一,而要消除和对抗这种紧张状态,就要建立健全积极的心理机制。

后疫情时代,最大的挑战是心理挑战。 现在的我们,真的没有获得幸福感和安全感的机会了吗?想要回答这个问题,首先要改变的是我们的负面心理状态。

人类在面对挫折和不确定因素的时候存在一个自然反应机制,这和人类的三个器官有关:肾上腺、垂体以及下丘脑。当我们遇到挫折和风险时,体内会释放大量的压力激素荷尔蒙,从而让我们进入一种应激状态,比如心跳加速、视觉更加敏锐、听力更加灵敏、骨骼力量增强等。解决应激状态有两种方法:战斗或者逃跑。

从社会学的角度看,战斗是正面对抗压力挫折,而逃跑是消极的回避。然而对很多普通人来说,遇到压力和挫折的第一反应往往是逃避,因为逃避似乎意味着可以远离压力,而战斗可能是"消灭了压力"也可能是"被压力消灭了"。

这其实就是很典型的正向思维,我们不能说这种思维是错误的，但是在"后疫情"时代这个特定的社会背景下，这种正向思维根本无法解决问题，因为你已经"无处可逃"。你不可能自己独立创造出一种经济系统来避开经济下行的趋势，你也不太可能凭空让自己所处的行业或者企业起死回生。你越是选择逃避，越容易被禁锢，这就是著名的"白熊效应"[①]。

如果想要通过忘却、压抑、控制等方法去逃避，反而会强化我们内心的焦虑。既然避无可避，不妨转换思维模式，采用逆向思维，让自己正面对抗压力挫折，依靠积极心理的力量来提高继续工作和生活下去的勇气。积极心态不是一碗励志的鸡汤，而是一种理性的选择。

积极心理学之父、美国宾州大学心理学教授塞利格曼在《持续的幸福》一书中指出了让我们获得幸福人生的五个重要因素：**积极快乐的情绪、沉浸其中的投入、美好的人际关系、有意义和目的的事情、有收获和成就的感受**。其中，积极快乐的情绪最为重要，因为快乐才会让我们投入，才能让我们以愉悦的心情参与社交，才能坚持去做有意义和有目的的事情并最终获得成就感。

---

① 白熊效应，源于美国哈佛大学社会心理学家丹尼尔·魏格纳的一个实验，他要求参与者尝试不要想象一只白色的熊，结果人们的思维出现强烈反弹，大家很快在脑海中浮现出一只白熊的形象。

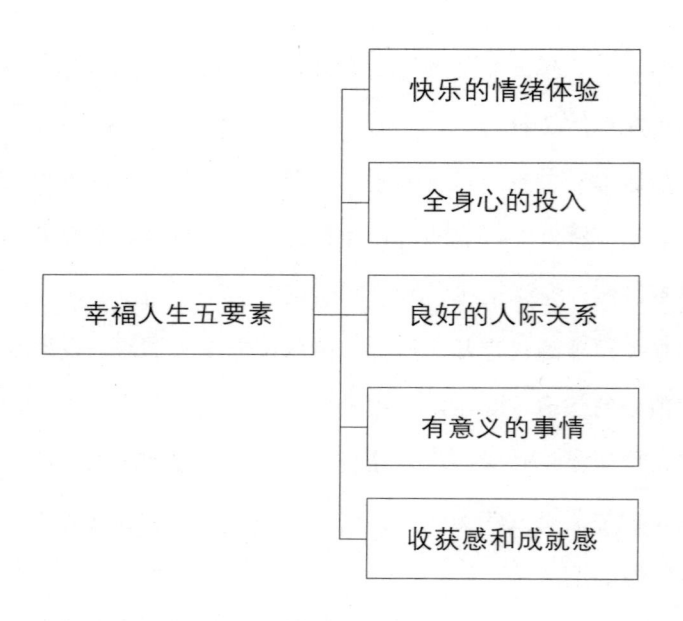

```
                    ┌─── 快乐的情绪体验
                    │
                    ├─── 全身心的投入
                    │
   幸福人生五要素 ──┼─── 良好的人际关系
                    │
                    ├─── 有意义的事情
                    │
                    └─── 收获感和成就感
```

那么，积极的情绪如何获得呢？

积极的情绪体验离不开神经化学物质的分泌，只有当我们调动这些激素的分泌才能产生积极的情绪，正如苏格拉底所说："身体的健康因静止不动而破坏，因运动练习而长期保持。"事实的确如此，运动能够让我们产生愉悦的感觉，比如内啡肽，它是在运动之后产生的一种减痛激素，通过跳舞、健身、慢跑都能激发内啡肽的分泌，通过"先苦后甜"的方式让我们获得幸福的体验。

哈佛大学心理学系主任丹尼尔·吉尔伯特做过这样一次调查：给2000个人每人发一部传呼机，如果感到心情不好就说出自己正在做什么,结果发现,46%的人在心情不好时是在躺着思考。

由于运动量减小甚至完全不运动,就会导致负面情绪增加,而这恰恰和多数人的生活状态相似。不运动的最大危害并不是身体问题,而是心理问题,这就是压力反应的应激状态,只有让我们动起来,调动内啡肽的分泌,产生积极情绪把压力激素化解掉,才能有效地提升认知能力。

研究发现,体验积极情绪的人能够显示出非同寻常的、灵活的、创造性的、对信息保持开放状态的、有效的思考模式。而积极情绪对认知能力的提升不仅体现在信息加工的速度和准确性这两个方面,还能在类别和层次上做到提升。

当我们提升认知能力之后,我们就能结合自身所处的行业、学历、经验、人脉等背景去发掘当下的机遇。正如有人看到了餐饮业在回暖,有人看到了大基建相关行业的发展潜力,有人投身于在线教育,有人着手研究绿色能源,有人坚定地加入电商行业……或许你会说这些行业似乎没有什么增长的趋势,但请不要忘记,经济复苏本身需要一个过程,你之所以会得出这样草率的结论,还是因为你对这方面的认知没有获得提升。

每个人所处的行业不同,每个人所拥有的资源也不同,我们无法给出一个通用的答案,但是有一条建议适用于大多数人:疫情防控政策放开后,最先放开的不是你的双腿,而是你的认知,而激活认知的先决条件是积极的情绪状态。

在后疫情时代，我们不仅不能让心理躺平，更不能让身体躺平，因为当你依赖"床板"和"被窝"时，你就没办法在积极情绪的调动下提升你的认知能力。**唯有通过科学的方法调节你的心理状态，才能帮助你成功解封被负面情绪干扰的认知，让你在这个风险和机遇并存的新时期找到人生的拐点。**

4. 躺平还是卷赢，人生其实是开放式结局

近来，"躺平"一词蹿红社交网络，成为很多年轻人的口头禅。"躺平"在当下则成了一种大众心态真实的写照。"躺平"是指"无论世界发生什么改变，我的内心都毫无波澜，不会进行任何反应或者反抗"，简单概括就是"不作为""不反抗""不努力"，与之类似的还有"摆烂"等。

提到"躺平""摆烂"等词，与之定义相反的词当然还有——内卷。从 2020 年下半年，网络上总能刷到这样几张夸张的搞笑图片：甲在自行车上看书，乙边骑车边用电脑，丙的床上铺满了一摞摞书……很快，这些疯狂学习的人就被冠以"卷王"的称谓，"内卷"一词流行开来。

"内卷"一词源于"内卷化"这个术语，是美国人类学家吉尔茨在《农业内卷化——印度尼西亚的生态变化过程》一书中提出的定义，是指一种社会或文化模式在某一发展阶段达到一种确定的形式后，便停滞不前或无法转化为另一种高级模式的现象。

虽然这个词语听起来有些晦涩难懂，但将它放进我们的生活场景中就不难理解了。

在单位里，大家都提前三五分钟到岗，留出一点准备时间，这是常规的职场状态。但是突然有一天，某人提前十分钟到岗且因此得到了老板的表扬，那么第二天就会有更多的人提前十分钟甚至更早到岗，这种现象就可以用内卷来解释。当然，互联网上内卷的定义已经被宽泛化了，不能等同于吉尔茨的"内卷化"。

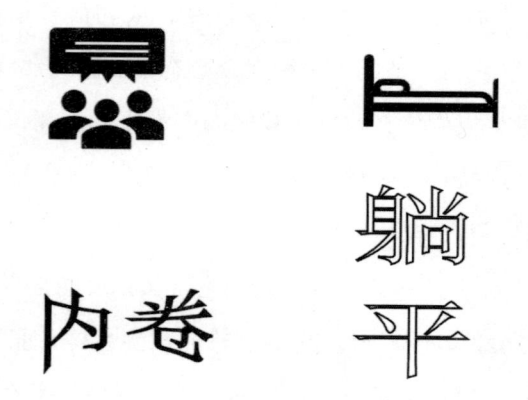

"内卷"和"躺平"是前后脚出现的两个词语，它们的诞生和我们生活的这个时代息息相关。目前，中国进入经济转型的重要时期，产业结构进行深度调整，一些行业发展空间受限，市场竞争、人才竞争越来越激烈，压力超过以往。同时，人们的自我意识增强，生活方式的选择更加多样化，有的人在追赶明天，有的人则放慢脚步，于是就有了"躺平一族"的出现。

一部分人认为，如今生活这么难，忙忙碌碌一年也未必能获得应有的回报，那为什么还要投入大量的精力付出呢？不如做一个普通的自己。支持内卷的人认为，正因为竞争加剧，人就更不应该颓废，拥有大好青春的年轻人更应该去奋斗、拼搏了。

从宏大叙事、价值引导上看，内卷似乎更符合大众主流认知。但是，如果从本心来看，躺平似乎更符合多数人的惯性，毕竟懒起来要比动起来更容易。

其实，此前出现的"丧文化"和"佛系文化"对躺平的产生起到了一定的"思想启蒙"作用，也拥有了相应的群众基础，而且这也并非中国独有，比如美国的"奶头乐"和日本的低欲望社会都是这种心态的映射。

如果把躺平看成对内卷的一种"挑衅"，那我们就要知道这背后涉及的心理因素，这里不得不提及一个名词——习得性无助[①]。

在当下的城市生活中，人们承受的经济压力、精神压力逐渐增大。年轻人因为就业、婚恋产生焦虑；中年人则在子女教育、中年危机等方面对抗挑战。尤其是那些背负着房贷、车贷重压的

[①] 习得性无助是由美国心理学家塞利格曼提出的，他通过给狗做电击实验后发现，当狗刚开始被电击后会产生逃跑、惊叫等反应，然而随着电击次数的增加，狗最终会绝望地等待电击。塞利格曼后来对人进行了对应的研究，发现人也会产生相同的心理机制，所以习得性无助通常是指通过学习形成的一种对现实的无望和无可奈何的行为和心理状态。

人，每个月在扣除各种贷款之后，能够支配的资金越来越少，很容易进入一种"习得性无助"的状态，于是在这种心理机制下，一部分人难以通过内卷的方式去对抗压力，只能被迫选择躺平。

那么，躺平真的是一种需要批判的态度吗？

如果从正向思维的角度看，对抗压力的最好方法就是直面压力，所以逃避就是一种消极态度，当然需要批判了。但如果用逆向思维去推导，逃避压力一定是对抗压力的消极选择吗？它也可以理解为一种对待残酷生活的随心态度，是一种"心理补偿"。

"心理补偿"指的是人们因主观或客观原因引起不安而失去心理平衡时，试图采取新的发展，借以减轻或抵消不安，从而达到心理平衡的一种内在要求。

在法国电影《轻松自由》中，男主塞巴斯蒂安博士毕业后，天天都坐在公园的长椅上发呆、看书、吃饼干。结果他的行为却被路过的上班族斥责，理由是他的闲散影响了别人。现在问题来了：如果路人真的出于热爱奋斗去选择内卷，为什么要斥责一个甘愿躺平的人？之所以斥责，恰恰是因为他们也不是真心喜欢奋斗、不想看到有人轻松地生活，所以才给那些选择躺平的人打上了消极、懒惰、逃避等负面标签。

一旦内卷、奋斗成为主流社会观念并带有绑架和胁迫的属性，那么它所引导的价值大概率是不公正和不幸福的，因为它对人的劳动进行了异化。

人生并不是一场比赛，而是一次体验，因为没有谁能成为真正意义上的赢家，最终都不过是尘归尘、土归土。我们应该包容每个人做出的不同选择，那些想要退出残酷竞争的人，至少应该得到起码的尊重。何况，那些支持或选择躺平的人，也并不是真的成为混吃等死的啃老族或者无业游民，他们依旧是靠自己的双手去生活，只不过他们能够接受一个看似普通、平凡的一生，这种按照自我意愿生活的态度，和消极没有半毛钱关系。

关于躺平，一位精神科医师是这样参与讨论的："在工作竞争、生活压力不断增加的今天，对躺平的讨论其实是好事。在我看来，躺平不是贬义词，它更是一种自我探索的机会。"之所以引用精神科医师的话，是为了证明躺平不能被简单粗暴地理解为认知甚至精神层面的问题，相反它带有一定的治愈功效，让人们尝试放下焦虑、惶恐和紧张，顾及内心的感受而并非自暴自弃。

不要轻易定义别人的人生，没有谁必须以内卷的方式去对抗压力，因为人生本就是开放式结局，每个人都有选择的权利。

5. 人工智能危机：打败你的不是智能而是人工

ChatGPT[①]自发布后，可谓横扫全球，一夜之间火遍整个互联网。它是一款以人工智能技术驱动的自然语言处理工具。不仅能像人类一样聊天交流，甚至能完成撰写邮件、视频脚本、文案、翻译、代码、论文等较为复杂的任务。于是它的影响力在全球急剧扩散，且颠覆了人们很多常规的认知："我能做的似乎ChatGPT都能做，那我存在的价值又是什么呢？"

近几年受全球经济趋势的影响，很多行业的红利在逐渐减退，现在人工智能对生活、工作的影响越来越大，诸多行业的从业者面临着被取代的危机，产生焦虑在所难免。但是，我们对人工智能的看法不能按照正向思维的逻辑，比如：人工智能可以取代很多岗位代表我可能失去当前从事的岗位。那么，我们该如何摆正心态、修正认知呢？不妨以逆向思维的角度方向推导。

---

①ChatGPT全名：Chat Generative Pre-trained Transformer，2022年11月30日由OpenAI发布的一款聊天机器人程序。

人工智能在取代很多岗位的同时也创造了新的就业机会。这句话并不是鸡汤式的鼓励，纵观人类发展的历史，每一次技术的革命都会带来一定程度的失业和就业结构的变化，但同时也会创造出更多新的工作岗位和产业。比如蒸汽机、电力、计算机等技术发明后，确实让一部分农民、手工业者失业了。但同时也创造了电力工人、石油工人以及程序员等诸多岗位，生活在这些时代的人也都经历了对失业危机的担忧，但从全球叙事的角度看，新技术最终还是促进了社会经济的发展、创造了人类福祉。

综上所述，人工智能和人类工作之间的关系并不是零和博弈[①]，而是相互协作的可协调关系，我们不应被人工智能技术的不断革新而焦虑，毕竟大环境、大趋势不是个人能改变的，我们应该积极把握人工智能带来的机遇，主动适应并做出改变。

那么人工智能技术的革新会带来哪些新的机遇呢？

首先，当然是人工智能本领域内的岗位，比如负责开发、实现和维护机器学习的机器学习工程师，利用数据分析和机器学习技术创造商业价值的数据科学家，负责开发、实现和维护自然语言处理技术的自然语言处理工程师等。

或许有人会说这些岗位过于硬核，存在一定的技术门槛，只

[①] 零和博弈，又称零和游戏，与非零和博弈相对，是博弈论的一个概念，属非合作博弈。它是指参与博弈的各方，在严格竞争下，一方的收益必然意味着另一方的损失，博弈各方的收益和损失相加总和永远为"零"，故双方不存在合作的可能。

适合极少部分人参与。其实对普通人来说也有很多相关领域是可以尝试的：比如负责开发、推广和营销人工智能产品和服务的人工智能产品经理，负责人工智能产品和服务的客服人员等。普通人想要进入这个领域，只要参加相关课程和培训，或者自主进入某些社区和论坛进行研究，加上一些实践机会，都能找到用武之地。

比如如今"人工智能训练师"岗位的缺口巨大，这类岗位不像算法工程师、机器人设计师有着高门槛，工作内容更偏向于数据服务。他们主要是通过对数据贴标签、做记号、标颜色或画重点，帮助机器理解原始数据，确保机器能够真正了解人类的想法，比如自动驾驶、智能地图、AI助手等。2020年，人工智能训练师正式成为新职业并纳入国家职业分类目录。随着人工智能的发展，数据服务市场规模也在加快爆发的速度，在人工智能技术的革新下，将会创造大量的岗位，这一市场急需大量的行业人才。

人工智能行业有句名言：有多少智能，背后就有多少人工。

人工智能本身带来的不是失业危机，真正让我们警惕的也不是智能，而是人工，如果我们不能适应时代的发展和变化，不能掌握相关的技术知识，我们作为劳动者的"人工价值"自然会不断降低，这才是可能导致我们被淘汰的根本原因。

根据有关机构预测，和人工智能训练师相关的生成式AI（人工智能的分支）行业，将在十年内以高达42%的复合速度高速增长，预计到 2032 年的总营收规模将从 2022 年的 400 亿美元增长到 1.3 万亿美元，其中就包括了对训练人工智能系统所需的基础设施的强劲需求，也包含了使用人工智能模型的后续设备、广告投放、软件应用等服务类型的强劲需求，这意味着需要有大量劳动力参与进来。

可以预见的是，随着人工智能技术的不断发展，会涌现出越来越多的新岗位。这些新岗位需要具备不同的技能和知识，需要不断学习和更新自己的能力，以适应新的就业市场，并最终实现自己在人工智能领域的职业目标。

所以，你真正的危机并不是来自人工智能技术的不断革新，而是你自己愿不愿意不断地适应新的时代变化。

6. 短视频时代，更需要慢思考和系统学习

如今我们生活在一个短视频爆炸的时代，一部两个小时的电影，现在2分钟就能"看完"；过去3天看完的书，现在3分钟就能看完……不是因为你的观看和阅读效率提高了，是因为有人帮你提前做好了功课，短视频多带给的信息红利已经在颠覆着我们生活的方方面面，我们对事物的了解甚至都不用从头开始，只需要从精彩部分切入。

短视频时代，变快的不仅是生活的节奏，我们的大脑接收信息的方式也在加快，这就导致了我们获取信息满足的阈值被悄然提高了。然而短视频的快，并不能简单归结为内容创作者的急功近利。对很多受众来说，开头五秒钟不够精彩就可能被划过，那么为了留住受众，就必须在前五秒甚至更短的时间内呈现出精彩刺激的一面，这就在无形中让一部分观众对节奏更快、信息量更大、反转更多的视频更感兴趣，而对那些节奏慢、缺少娱乐元素的视频失去兴趣。

短视频，从曾经的几分钟变成 1 分钟甚至十几秒，时长越来越短，受众在单位时间内获取的信息量相对更多，然而如此"高效"的观看之下能剩下什么呢？不过是把每一部影片的男主都记成了小帅、女主记成了小美，这种快速吞咽别人咀嚼过的东西，真的有滋味吗？

也许有人会说，当下生活主打的就是一个"快"字，每天加班到深夜，年假一拖再拖，闲暇时间如此短暂，哪有那么多时间去看两个小时的电影、去看好几天才能看完的书呢？

这是一个很好的问题，但问题本身限制了我们思考的视角：为什么我们非要追求"贪多嚼不烂"呢？难道不应该是"重质不重量"吗？

人生贵在体验。即便我们的休闲娱乐时间变得碎片化，但这并不意味着我们追求知识、获得经验和体验的方式也可以是碎片化，大部分碎片化的信息只会消耗掉我们的宝贵时间，它也永远形成不了系统价值和滚雪球效应，也不能带给我们提升自我的正向力量。

当信息变得廉价时，注意力变得更昂贵。如果我们长期沉溺在短视频消费的快乐中，就会给大脑带来一种负面影响：看似获得了一些有效信息，却没有获得独立思考的时间。短视频时代，引领的关键词是快，很多人追逐它也并非出于本心，不过是随波逐流的从众效应罢了。

我们因何从众？因为我们是生活在群体中的个体，很容易受到群体的影响，别人的引导或者在精神方面的施压等方式都会导致我们怀疑并改变自己的观点、判断和行为，让我们朝着与群体大多数人一致的方向变化，这就是"从众效应"的原理。比如，你走进了一间电梯，按照习惯会面朝电梯开门的方向站定，可是此时你发现电梯中除了你之外的其他所有人都面朝着电梯轿厢的另一侧，你也会不由自主地慢慢调整自己的方向，最终和大家一样。

短视频大行其道的原因，某种程度上也是如此。

在短视频出现前，人们的生活未必就不忙碌。直到某一天，你身边有人向你推荐了某个短视频平台，起初只是让你注册个账号去点个赞，之后是让你关注某个博主。你从开始的陌生到最后的习惯，慢慢接受了这种快节奏的娱乐方式并最终认为它是合理存在的。

现在想想，你其实没有做出任何选择，不过是被人群裹挟着进入快节奏的生活。从这个角度看，你还是受到了正向思维的影响：大家都在快，我也要快起来。那么，你有没有思考过，为什么一定要按照正向思维的方向变得快起来呢？如果我转换为逆向思维，大家都在加快节奏，为什么我不能放慢一点呢？

随着城镇化和新媒介技术的高速发展，速度浸入了现代人的日常生活，从时空感知的维度建构了一种加速现代化体验，不断重塑现代人的时空体验和感知经验。然而，我们作为个体在时间和空间上看似变得更加自由了，其实我们对日常的经验和体验却变得越来越匮乏。原因很简单，是因为别人替我们"体验"完了：旅游短视频代替了我们攀登山峰的脚步；美食短视频代替了我们摸索、提升厨艺的机会；购物开箱视频虽然减少了我们的试错机会，也强行替我们做出了引导，所以对一部分人来说，观看的短视频越多，就越容易缺乏安全感。因为这些视频并没有提供给我们直接且真实的生活体验，就像是隔着橱窗去看一件不可触摸的商品一般。

间接经验的大量泛滥，虽然缩短了我们获取信息的路径，但也创造出了一种虚拟感知，当我们用五分钟看完的观影经验去和看过原片的人交流时，是不是在担心害怕露出破绽？这就是一种很明显的感知的异化。

感知的异化，直接导致我们缺乏系统性思考和学习的能力。

短视频是碎片化的信息，不会承担太多深刻性、反思性层面的内容，直观化的表达和浅层化的主题使得受众无须认真品读就能轻松理解视频所要传达的信息。比如观看电视剧《三国演义》，任何一集都可以压缩在五分钟甚至更短的时间内，但我们能了解到的不过是重大事件的发生，无法细腻地深入人物，比如为何诸葛亮会效忠刘备，"煮酒论英雄"中刘备和曹操的心理博弈……这种快速解读的形式慢慢消减了我们吸收丰富信息、构建完整认知的能力。

在越来越多人追求速度之时，也有人在尝试逆潮流，用别出心裁的方式试图让大众放慢脚步，用心去感受生活。

2009年，挪威电视台为纪念卑尔根铁路建造100周年，用摄像机记录了7小时火车行驶的旅程，吸引了大约120万挪威人收看（相当于当时挪威总人口近四分之一）。从此，慢直播逐渐风靡起来，有些人热衷于花费好几个小时观看别人钓鱼、织毛衣，也有人喜欢坐在电脑前观看大熊猫繁育研究基地的熊猫们打滚吃竹子。虽然这些仍然是隔空体验，但这种慢直播的方式增强了一种参与感，触及的情绪更加多元，更能代入观察者和体验者的视角。

实际上，这种"慢速美学"在中国古已有之，比如传承至今的太极、书法、棋艺、茶道等文化内容，都提倡在快与慢之间寻求一个平衡点，保持适当的生活节奏和张力。"慢速美学"对应的是"慢生活"，它并非逃避生活，而是通过远离加速的生活来实现自我保护。聚焦当下，强调关注内心体验。**通过放慢脚步和节奏，我们反而会获得一种减负的快感，而不会沦为时间的附庸和机器。**

短视频的确给大众生活带来了冲击和变化，这种变化或许是不可逆的。短视频本身也并不是洪水猛兽，关键在于我们的认知不能被短视频所裹挟，从而陷入注意力的危机。**我们的确无法回**

到那个慢节奏的时代，但作为一个有意识的个体，我们可以让自己不过分沉迷在所谓高效的假象中，把人生的播放模式调回到正常倍速中，将视角聚焦在我们身边的人和事上，用慢节奏去体验和享受生活。

第二章

普通人成为逆袭高手,必会的成长思维

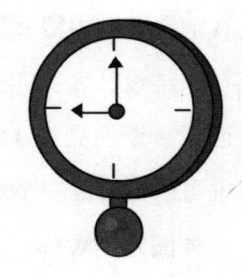

1. 黄金圈思维让你成为"人间清醒"

如果你想让一张名片做得有创意,该从哪里作为切入点呢?

我们不妨来看看乐纯酸奶的 CEO 是怎么做的。

他从名片的本质入手,即为什么要做名片,思前想后得出一个答案:名片不过是记住企业和人的一张纸。于是他的灵感在瞬间就爆发了:既然是一张纸,那么它就有无限可能了,它可以不是一个长方形的小块,也可以不按照传统的介绍排序……基于这个思路,乐纯最终将名片设计成可以兑换自家产品的券,可以用在门店直接兑换某种口味的酸奶。

就是这个灵巧的设计,让合作方记住了乐纯这个品牌,也让它在消费者心中留下了深刻的印象。

乐纯设计名片的思维就是黄金圈思维,也叫黄金圈法则,它是西蒙·斯涅克在 TED 演讲时被人熟知的。简单来说,黄金圈思维可以拆解成三个部分:Why-How-What 法则。

外圈是"What",意思是什么和做什么,通常是指事物的表象。

中圈是"How",意思是怎么做,通常是指实现目标的途径和方法。

内圈是"Why",意思是为什么做,通常是指做事的初衷和核心理念。

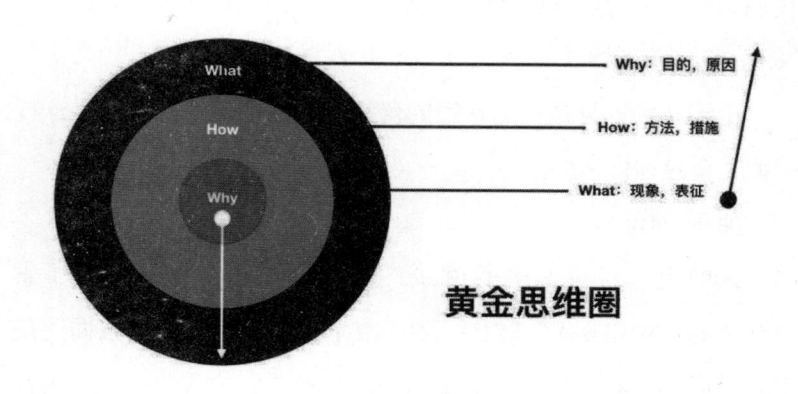

黄金思维圈

- What:现象,表征
- How:方法,措施
- Why:目的,原因

在这三个圈层中,最重要的是中圈和内圈,因为很多人在思考和行动的时候往往只停留在外圈,然而黄金圈思维是由内向外进行思考。讲到这里你会发现,黄金圈思维其实是一种逆向思维。它打破了很多人从外圈向内圈思考的逻辑过程,而是选择了最能有效解决问题的思考路径:先考虑为什么,究其深层原因,才能去除表象的迷惑性信息;然后问为什么,在弄清事物本质之后对"Why"进行梳理,以此为基础,再考虑做什么的时候就水到渠成了。

当人们提到电脑和手机的时候，往往都会把苹果公司的产品当成首选或者是参考，这是因为苹果公司将黄金圈思维当成设计产品的核心理念："我们做的每一件事情都是为了突破和创新，我们坚信应该以不同的方式思考（why）；我们挑战的现状是通过把我们的产品设计得十分精美，使用简单，界面友好（how）；我们只是在这个过程中做出了最棒的电脑，你想要买一台吗？（what）"

不要认为这只是一句普通的营销话术，事实上，苹果是这样说的，也是这样做的。

关于 why。

2001年，苹果推出了iPad，立即风靡全球，彻底颠覆了索尼开创的"Walkman"时代，因为数字音乐无论在便携方面还是下载方面都更有优势，让很多第一次接触到它的人惊叹：原来音乐还可以这样被播放出来！这是苹果采用不同的思考方式而创造的划时代产品——为什么音乐只能用磁带或者CD作为介质？一款数字音乐播放器不是更受人们欢迎吗？

关于 How。

苹果的经典之作——iPhone 4，它充分践行了乔布斯的极简美学理念：线条简单、摆脱了臃肿的键盘和手写笔，机身轻薄却不失大气磅礴的美，因此一经问世立即惊艳众人。除了外形简约，iPhone 4的系统也简单易用且稳定性强，在操作上十分人性化，而这一理念在后续的产品中也不断迭代更新。这是苹果努力设计精美产品带给用户的直观体验——提高产品的设计格调，就不要用花哨、冗余、夸张等元素让用户产生视觉疲劳。

关于what。

1998年5月6日，苹果公司发布了第一代iMac，该款电脑拥有独特的外观设计，采用了彩色外壳，让它看起来完全不像一台"死板的、严肃的"工具，充满了时尚感和独特感，十分讨好年轻用户群体和教育市场的消费群体，让人看上一眼就产生了强烈的购买欲，成为苹果的里程碑式产品。这是苹果从用户角度出发以"最棒的"作为标准缔造的商业奇迹——想让用户产生购买的欲望，首先要让他们对产品产生"爱的冲动"。

黄金圈思维的价值在于实践，苹果的产品不是只从设计者的角度出发，更多的是从使用者的角度进行思考，在软件和硬件、外观和体验等多个维度让产品趋近于完美，因此才让用户感受到了震撼，这就是企业在使用逆向思维时带给产品和品牌的魅力。

很多人总会产生误解，认为逆向思维是要从主观上违背某些习惯和规律，然而事实并非如此，以黄金圈思维为例，它其实是典型的顺应人类生理机制的一种思考和行为方式。

内圈的"Why"和中圈的"How"对应的是我们大脑内侧的脑区，叫作边缘脑，负责我们日常工作和生活中的决策和行为；而外圈的"What"对应的是我们大脑的外侧脑区，被称为新皮层,主要负责理性思维和分析。新皮层和边缘脑相比,边缘脑更倾向于感性思考,听上去似乎有些"不靠谱",但事实上感性对应的是果断决策,类似于"战斗或逃跑"这种生死只在瞬间的情境,因此只有当边缘脑进行决策时才会深入地触动我们执行的决策和进行行为。而边缘脑就像是一个谨慎但优柔寡断的助理,只能帮助老板一点一点地收集辅助信息,却永远当不了决策者。

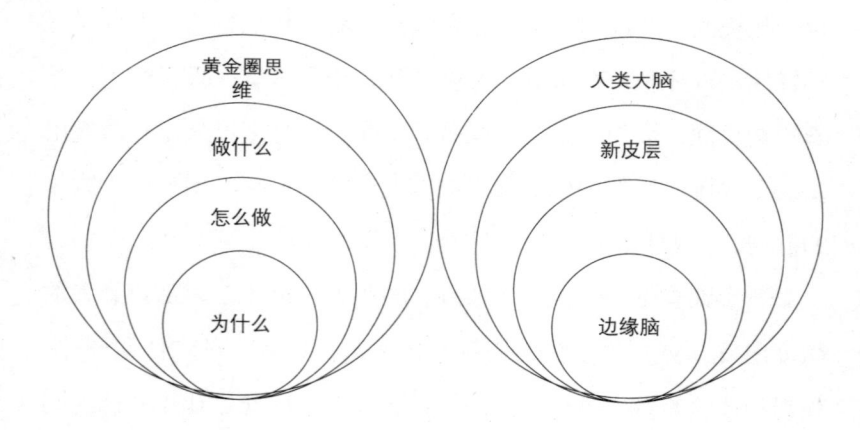

[图:左侧同心圆从外到内为"黄金圈思维""做什么""怎么做""为什么";右侧同心圆从外到内为"人类大脑""新皮层""边缘脑"]

在弄清了人脑的运作机制后,你就会发现黄金圈思维是符合"人体工程学"的,它先产生一个关键性的决策,然后为这个决策寻找具体的解决方案,整个过程流畅自然,可以快速且有效地影响他人或自己的行为。

黄金圈思维能够提供行动力。

我们推荐学习黄金圈思维,是因为这个思考模型能够帮助我们少走弯路，同时有助于我们增加思考的深度，它可以被看成一种动力管理方式，通过内圈的"Why"来驱动大脑进行工作，让我们在效率低下的时候重新聚集动力，而非用结果去强行倒逼大脑进行反思。

当你想要早睡早起的时候，却被一款游戏吸引住了，这时候即便你反复劝说自己"该睡觉了"，手还是不听使唤地打着游戏。但是如果你从"Why"入手，想着自己明天要去参加一场约会，帮你拉近和男神（女神）的距离，这就给"该睡觉了"一个充分的理由，让你老老实实地放下手机躺在床上。

众所周知，动力和意志力是呈负相关的状态，动力越强的事情，需要的意志力就越少；相反，动力越弱，就越需要加强意志力来完成。因此采用黄金圈思维就是让自己快速找到强大的动力，避免因为自我斗争耗费过多的心力和时间。

黄金圈思维能够说服别人。

在这个世界上，最难的事情恐怕就是让别人接受自己的观点了，所以当我们需要让对方认同我们的时候，就要多说原因、多讲底层逻辑，通过信念的传输让对方意识到其正确性，因为信念能够激发人们从情感上进行认同，进而引发共鸣。

混迹职场的人往往都有这样的经历：很多项目只要老板出手，再难的客户往往或许也能攻坚下来，这并不能简单理解为老板的身份在发挥作用，而是老板的思维模式和表达方式与普通的业务员不同。他们通常会从理念入手，用合作后的利益将对方与己方牢牢绑定在一起，常用的话术就是："X总，您知道我为什么要找贵公司合作吗？"接下来就是直切要害的黄金内圈部分——"Why"，比如己方的品牌背书优势、渠道资源优势等；而普通的业务员往往是用"X总，贵公司有合作的需要吗？"作为开场，这种仅停留在外圈的交流方式自然成功率低下。

黄金圈思维，核心在于要抓住一个关键词——价值。**用高价值产生高意志的行动力，用高价值的"取"来替代低价值的"舍"，用新价值迫使自己放弃旧价值的思维跃迁**……总的来说，黄金圈思维广泛应用于思考、行动和交流等多个领域，它能让你成为朋友圈中令人羡慕的"人间清醒"，在大家都茫然无措时奉献出一个教科书般的操作。

2. 世界顶级学习方法，你知道多少

2017年，广东省汕头潮阳实验学校的余江川以699分的成绩被清华大学录取，他的好成绩则源于平时的学习方法与学习习惯："我喜欢把自己所学的知识再次讲解给同学或者父母听，如果我能顺利地讲解出来，而且听众也能听明白，就证明我是真的掌握了。反之，则需要再次加强复习。"

余江川所说的就是"费曼学习法"的精髓所在。

费曼24岁获得物理学博士，加入大名鼎鼎的"曼哈顿计划"并在同年成为普林斯顿物理学教授，1965年获得诺贝尔物理学奖，提出了费曼图、费曼规则和重整化的计算方法，被称为"爱因斯坦之后最睿智的男人"……他不仅是一位硕果累累的学者，更是一位桃李满园的传道授业者。他认为，如果不能把一个学科概念通俗易懂地讲给新生听，那就证明他自己也是一知半解的。正是在这种理念的驱使下，费曼学习法应运而生。

费曼学习法并不是一套系统的学习理论，因为费曼并没有将

其理论化、系统化，只是提出了一个简单易懂的学习模型，而其正确性和实用性都是在后人的学习和实践中被逐渐证明的，所以它只需要四个步骤就能理解其精髓，而这四个步骤对应了四个关键词：Concept（概念）、Teach（以教代学）、Review（评价）、Simplify（简化）。

下面，我们就一一讲述这些关键词是如何转化为不同的学习步骤的。

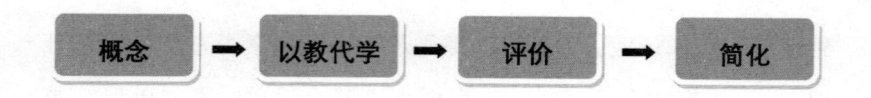

概念 → 以教代学 → 评价 → 简化

第一，概念——以确立学习目标为前提。

总会有人在学习中遇到类似的问题："想学习却不知道从哪儿开始。"这时候你就要确定一个学习目标，是想学习函数解析式还是想学应用文写作？不要把"从哪儿开始"想得那么抽象，越具体越好，这样你才能更好地找到学习目标。提出这些目标的时候，必然有一些弄不懂的问题，比如解析式如何求解，比如商务邀请函的写作格式，那就把这些概念或者难题写下来，这就是你要攻克的概念。

这个步骤简单概括就是，先确立学习目标，然后在学习的过程中去理解目标中包含的概念，当这些概念被你逐一消化之后，也就完成了你的学习目标。

第二，以教代学——把知识复述（传授）给他人。

这个步骤是费曼学习法的精髓，也是逆向思维在学习领域的重要应用。我们在学习的时候，总是习惯性地站在学生的角度去思考问题，看似这种身份定位没有问题，却忽略了作为知识传授者——老师在教学活动中的重要地位。所以我们不妨逆向思考一下：如果我是老师，该怎么教会学生呢？

承接上一个步骤，在我们确立学习目标并消化概念以后，接下来要做的就是通过阅读理论、做练习题将知识弄懂，然后复述给别人听，对方可能基础知识几乎为零，而你复述的最终效果就是教会对方。

把知识传授给他人，就是模拟教学的过程。我们知道老师在讲课之前是需要备课的，因此以教代学包含备课和讲课两个环节。在备课环节，你要把自己想象成第二天就要走上讲台的老师，认真梳理你要传授的知识，划分其中的难点、重点和考点，同时预测一下"学生"可能就哪些内容提问，然后在教材或者笔记上面标注出来，同时考虑好如何解答。

第三，评价——查找漏洞，归纳总结。

在你传授知识的过程中，对方大概率会有听不懂的地方，你不能将责任归咎于对方缺乏知识基础，而是该考虑一下自身的因素，是否对基本概念有了错误的理解，是否对对方的接受程度产生误判，是否在讲述时选用了错误的术语等，通过查漏补缺重新学习，整理好教学思路之后再重新解释给对方，以完成"教学目标"。

查找漏洞就是一个回顾知识的过程，它会让你发现自己在讲课时并没有在备课时那种"胸有成竹"，毕竟备课时不需要面对学生，甚至不会意识到自己对某个知识点的误解。另外就是初次授课的时候，虽然"学生"可能只有一个，甚至是你最亲近的人，但这种初为人师的身份转换多少会让人紧张，让你的思考和表达都出现错乱，这些都不是什么大问题，当你多讲述几遍之后就能获得改观。

第四，简化——通过类比让表达通俗化。

人们常说会类比的都是高手，比如关于函数的问题，你可以用一把兵器去解释"库函数"和"自定义函数"这两个概念。一件兵器在闲置不用时入库，打仗时再拿出来，这就是库函数；一件兵器需要按照图纸一步步去打造，这就是自定义函数。这样的解释通俗易懂，说明你理解了这一对概念的定义和关系，正如爱因斯坦所说："如果你不能直白地解释它，那就意味着你还不那么理解它。"

类比就是将知识点迁移到自己熟悉的领域，用最通俗易懂的方式去讲述，也就是在查漏补缺之后对知识的理解提升到了新的高度，这时才具备了向"学生"形象讲述概念的能力。比如在解释"干细胞"这个名词时,如果用"原始未特化""再生各种组织器官"等词汇去讲述会显得很晦涩,不如解释成"干细胞就像是一块橡皮泥,可以被捏成各种形状,在捏的过程中就会不断分化,最后得到的成品就是各种组织的细胞"。

做好简化这一步骤,离不开以教促学的预演,因为教学过程一定不能照本宣科,更不能似是而非地讲述某个概念,是要从对方的思维特点出发。同样,"简化"中用到的类比,也不能是机械地套用别人的类比,而要用对方理解的方式去解释,这就好比你给小费曼讲霸王龙的身高,用的参照物却是你家的房子,那对方当然无法理解了。

可以看出,费曼学习法的关键步骤是身份转换后的"以教促学",它通过逆转学习者思考视角、身份定位、输出输入等变化,强化人们对知识的理解和复述能力,进而加强了记忆、巩固了知识体系。

学习是辛苦的,尤其是当我们把自己限定在"学习者"这个身份时更是如此,所以不妨转换思维,吸收费曼学习法中的精髓,通过思维加工,把知识深入浅出地讲述给其他人并确保对方理解清晰,这才意味着我们抓住了知识的精华并能为己所用。

3. 杜绝"二极管"思维：任何时候都要学会变通

近年网络流行一个热词——"二极管"，指的是看待问题只能看到两种极端，认为世界非黑即白，不会辩证地看待问题的人群。之所以会产生这种认知方式，是因为有人拿它来进行诡辩：你对公司忠诚不绝对，那就是绝对不忠诚。

显然，二极管思维错在是一种极端的思维方式，因为它忽略了事物的复杂性和多样性。这种思维方式倾向于将事物分为两个极端，而忽略了极端之外的空间。例如把一个人判定为"要么是好人要么是坏人"，忽略了人性的多面性和变化性，这种思维方式常常会导致人们对复杂问题的简单化、片面化和错误认识。

二极管思维的根源在于，很多人都认为自己是足够理性的，然而实际上我们每个人都或多或少地存在某种偏见，会用先入为主的态度去感知和认识世界，从而影响我们做出正确的决策，在工作和生活中产生许多负面影响。

影响我们和他人的关系。

当我们只用极端结论去认识一个人的时候，就很容易忽略他人的多面性和独特性。打个比方，如果你想从公司中分辨哪些是"苦干型"员工，哪些是"摸鱼型"员工，仅仅是让他们站成一列，那你会发现要严格地区分他们其实很难。因为"苦干型"员工难免也有松懈的时候，而"摸鱼型"员工也不可能什么都不做，所以这里用二极管思维是没办法鉴定出结果的。

比如某个项目失败了，就认定是某个同事能力不足造成的，忽视了其他客观条件，进而破坏了团队成员的关系。长此以往，这种带着二极管思维的认知倾向会给我们的工作和生活带来影响，也会让我们身边搭档工作、生活的人面临巨大压力。

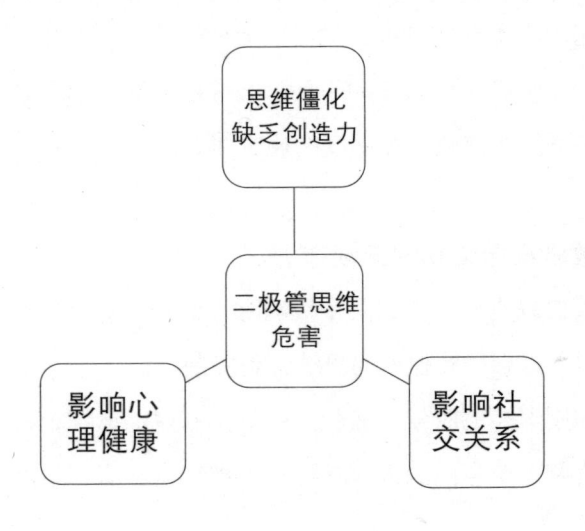

```
         ┌─────────┐
         │ 思维僵化 │
         │缺乏创造力│
         └────┬────┘
              │
         ┌────┴────┐
         │二极管思维│
         │  危害   │
         └─┬─────┬─┘
     ┌─────┘     └─────┐
┌────┴───┐         ┌───┴────┐
│ 影响心 │         │ 影响社 │
│ 理健康 │         │ 交关系 │
└────────┘         └────────┘
```

影响自身的心理健康。

二极管思维的"近亲"是完美主义，只能接受成功和失败、完美和不完美。一旦没有按照预期完成某件事，我们就会归因为自己的不完美，全盘否定自我。让错误的认知阻碍我们的成长，长此以往会导致我们心理健康状态每况愈下。显然，这种完美主义阻碍了我们通往成功的路径。因为我们忽视了事件中积极的一面，让我们无法积累有价值的知识和经验。

如果你本身就患有焦虑症或者抑郁症，那么二极管思维将会更严重地危害你的健康甚至摧毁你的人生。

美国迈阿密大学的哈亚特比尼教授指出，二极管思维是"发展和维持精神病理学的危险因素"。这并不是耸人听闻，根据哈亚特比尼的说法，当人们无法达到完美时就会认为自己失败了，由此引起内心不安，导致长期的压力和担忧，影响我们集中注意力的能力，阻碍实现未来的目标，最终陷入有害心理健康的恶性循环，长期陷于挫败感和深度的痛苦中。

导致思维僵化和缺乏创造力。

当人们只看到事物的两个极端时，他们可能会忽略事物的变化和发展，这会导致他们的思维受到限制。

篮球刚诞生的时候，篮板上钉的是有底的篮筐，每当有球投进时，会有一个专门的人踩在梯子上把球拿出来，这就导致比赛总是断断续续地进行。为了让比赛更顺畅地进行，人们想了很多取球方法但都不太理想，甚至发明家还发明了在下面一拉就把球弹出来的机器，可依然是治标不治本。有一天，一位父亲带着儿子来看球赛，小男孩看到大人们一次次地取球时顿时发出疑问：为什么不把篮筐的底去掉呢？正是这句"童言无忌"惊醒了大人们，篮筐从此被篮网取代。

在这个案例中，包括发明家在内的成年人都陷入二极管思维：从篮筐中取球速度很慢（一个极端），只要把取球速度最大化（另一个极端）就能解决问题。但是，大家却忽视了一个快与慢之外的问题：为什么非要取球不可呢？难道球就只能存在"篮筐内或者篮筐外"这两种状态吗？

当你将一切事物分成两个极端时，视野就会进入一个盲区，就会错过一些有价值、可替代的观点和解决办法。

既然二极管思维如此有害，我们该如何尽量避免呢？核心的一条在于，我们要学会逆向思考：打破极端的视野，思考在两个极端之外，是否还有第三个、第四个甚至更多的可能存在呢？

第一，在消极中寻找积极。

美国加州大学心理学家托尼·柏汉德认为，在消极中找到积极的一面有三种方法：

多发现事物光明的一面。 把失败看成学习和成长的机会，即便没有达到目标也不意味着真的失败了，所积累的经验会距离成功更近一步。

重塑思维,不要走极端。不要把未能达标当成唯一的标准,所以不要低估取得的所有积极成果。

不要给自己的体验贴上"好"或"坏"的标签。只要我们停止使用这些标签,就会为工作和生活留下更多的空间。

第二,理性面对挫折。

你不是非得一次就实现你的目标不可,除了极少数天赋、能力极强和运气极好的人,绝大多数人都是在失败中逐步成长的,所以把自己看成"成功"或"失败"都是片面的。今天失败了,不代表明天就不能成功。只有当我们不刻意追求完美的时候,我们才能把精力专注于改正和提升,提高成功的概率。

第三,不要把表现等同于价值。

每个人都是复杂的个体,你的价值并不局限于某一件事的表现和结果,只要是人就难免犯错,可就算真的失败了也还有很多积极的品质和优势能保留。只要你保持对成功的适度渴望,总会在下一次或者下下次做得更好,一个错误改变不了你的实际能力。

美国临床心理学博士亨利·克劳德曾说:"**不要用非黑即白的思维看待世界。每一天都是值得的,每一天都是自己的,如果哪天你搞砸了也不要担心。你能做的最重要的事情就是,收拾行囊,重新出发。**"

生活不止有两个极端，还有更广阔的外部领域。更多时候，我们是在这个外部领域中工作、生活、思考、进步，当你被困在两端时，何不突破极端的思维死角，转换逆向思维去回望两端之外更广大的世界？或许那里才是你走向成功的真正路径。

4. 以动制静：成长思维让人生不设限

近几年，"巨婴""妈宝男"等词成为很多热点新闻中的常见词，通常是指那些虽然已经成年，但心智仍然极不成熟的人。仔细想想，每个人身边或许都会有类似的人存在，他们外表看似成熟，心理年龄则在原地踏步，甚至我们自己在生活、工作或者感情等方面也或多或少会有"巨婴"的痕迹。

这种情况的出现，不是生理上的营养不良，而是心理上的思维停滞。

以职场为例，很多人没有社会实践经验，带着在学校积累的一点点经验踏入公司，把老板当成老师，把同事当成同学，简单粗暴地复制过去的知识和经验去解决问题，结果可想而知，就是接连碰壁。此时此刻我们应该意识到，职场里没有课程表，能面对的只是上司、同事和客户，然而需要学习的东西远比在学校里的更多也更加复杂。**如果我们缺乏成长思维，无论在任何时候都必然会举步维艰。**

成长型思维模式是斯坦福大学心理学教授卡罗尔·德韦克博士在出版的专著《思维方式：新的成功心理学》一书中提出的一个信念体系：智力是可以通过坚持努力以及专心致志的学习进行成长的。通常具备成长型思维模式的个人会认为，有难度的工作可以提升自我的智力和能力，倾向于选择能够帮助自己学习和培养新技能的目标，哪怕在最初会遭遇失败，但他们在面对具有挑战性的任务时总能以乐观的态度面对。

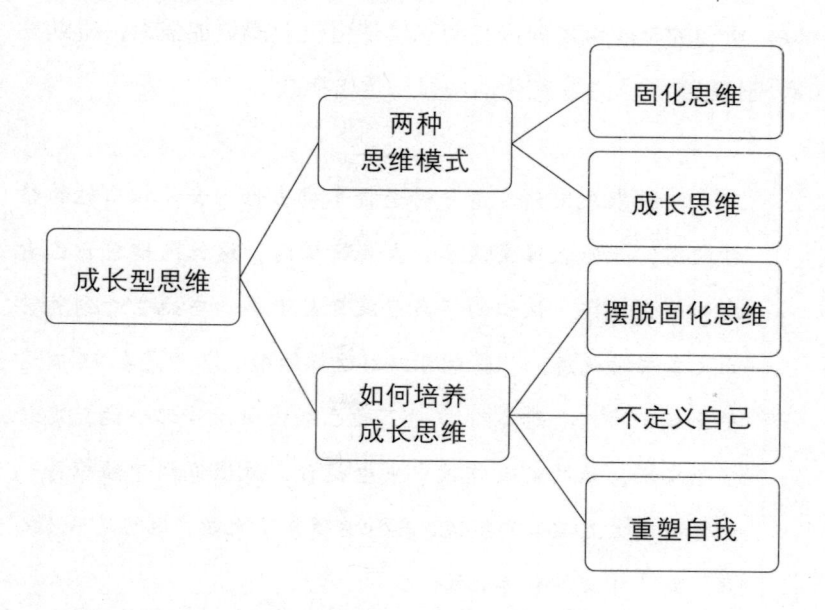

```
                          ┌─ 固化思维
            ┌─ 两种思维模式 ─┤
            │             └─ 成长思维
成长型思维 ──┤
            │                 ┌─ 摆脱固化思维
            └─ 如何培养成长思维 ─┤─ 不定义自己
                              └─ 重塑自我
```

培养成长思维模式是自我实现的重要过程。

与成长思维相对立的是"固定思维"，它是针对自我认知的一种思维固化，即相信我们出生就带有固定量的才智与能力。因此，具有这类思维的人总是习惯于回避挑战或遭遇失败，剥夺了自己提升智力和能力的上升空间。打个比方，你第一次接待客户时未能说服对方，于是就给自己打上了"不善沟通"的标签，认为自己不适合从事与人打交道的所有工作，看似是具有"自知之明"，却忘记了这不过是你初次接触这项工作，因为缺乏经验，所以失败是在所难免的。

一个人能否取得巨大的成功和他智商的高低没有绝对的关联，重要的是能否培养成长型思维使自己变得更加强大，所以具有成长思维的人往往在生活中显得勇于挑战。

一位农民阿姨在老年时老伴车祸去世，女儿担心她的精神状态，开始教母亲认字，女儿忙碌时，这位阿姨就自己看戏曲节目认字。认识的字多了就开始看书，当她在看到莫言的几本书时就想："我也可以写这样的书。"于是在75岁这年开始了写作之路。81岁时，她已经出版了4部小说，震动整个文坛，她的处女作被中央电视台、凤凰卫视专题推荐，获得国内主流媒体的报道，各种奖项拿了无数，她就是从"文盲"到"作家"的姜淑梅。

如果姜淑梅没有成长思维，那么她对自己的认知就是一个没文化的、年过古稀的农村妇女，怎么可能和作家这种听起来高大上的职业联系在一起呢？她的人生就失去了应有的光彩。

决定人与人差距的往往是思维。

成长思维的核心在于，它会让你不断反问自己是否真的不能做到更好了，这其实也是逆向思维的体现，是颠覆对自身现有认知的一种反叛和挑战，是逼迫自己走出舒适区进入未知地带探索的动力。

那么，如何培养成长型思维呢？

第一，不要定义自我。

固化思维会让我们主动贴上标签，比如社交恐惧、恋爱无能、职场小透明等，久而久之会让我们产生习得性无助以至于彻底否定自我。为了避免这种盲目的自我定义，我们应该用动态和发展的眼光看待自己，最起码要贴上一个动态的标签：社交技巧的初学者、缺乏恋爱经验的新手、正在底层打拼的职场小白……看看这些标签，我们不但不会盲目否定自己，反而会提升从新手升级为高手的信心。

心理学家曾经做过一个实验：两组人分别做一个相同的复杂项目，第一组遇到困难就选择了放弃，因为他们从骨子里认为自己能力不足；而第二组则具有成长思维，带着不断突破与成长的思维来看待自己，最后他们搭建的模型拥有更高质量的水准，而这两组人并非在智力和能力上有显著的差别，只是因为具备的思维方式不同。

如果你总是给自己贴上"失败者"的标签,那等待的只能是失败。

第二,学会从固化思维中解脱出来。

心理学认为,每个人都或多或少有固化思维,而聪明的人都会觉察自己的固化思维,并进行修正,这样我们就能从固化思维的束缚中解放出来。

在 iPhone 诞生之前,当时的智能手机市场是诺基亚的塞班系统一统天下,然而塞班机器的速度慢和操作单一也为用户所诟病。在此背景下,乔布斯依靠着打破固化思维的创新能力,改变了智能手机的形态,改变了人机的交互方式,为手机领域带来了颠覆式的革命,推动人类真正意义上进入了"全民智能"的时代。正如乔布斯所说:"领袖和跟风者的区别就在于创新。"

在职场中也是如此,你搞砸了一个项目,下意识地就会认为自己做不好这类工作,这时就需要你从固化思维的束缚中解脱出来,寻找真正的原因,比如准备不够充分、对项目的了解不够、缺乏和团队的配合……而这些问题是可以通过改进来避免的。

第三,用成长思维塑造自己。

著名主持人杨澜曾说,一个人可以不成功,但是不能不成长。的确,人的一生是成长与精进的过程,而成功也讲究一定的运气与火候,而在运气与火候未达到时我们能做的就是成长。

稻盛和夫在京瓷的创业初期，由于产品没有知名度，开拓市场十分困难，只能接一些别的公司不愿意干的或者干不了的订单。有一次松下电子工业方面通知京瓷："几个月以后就要用硼硅酸烧结玻璃来替代现有产品，如果京瓷到时不能提供的话，就打算从别的公司采购。"以当时京瓷的能力很难完成，可如果直接拒绝的话公司的经营就会彻底崩盘，于是稻盛和夫当即表示："京瓷也制造硼硅酸烧结玻璃。"最终京瓷以实力证明了自己，这是因为稻盛和夫相信自己会成长，京瓷同样会成长。

你选择什么样的思维，你的人生就呈现出何种状态。

美国励志导师大卫·史华兹说过：一种思想如果进入心中，就会盘踞成长。如果那是一个消极的思想种子，就会生出消极的果实。这个积极的思想种子，其实就是我们的成长思维，它会帮助我们朝着更积极、更阳光、更成功的方向发展。

5.T型思维：把中年危机留给老板

如果有人提问：身在职场的人对什么数字最敏感？恐怕很多人都想会到35这个数字。

的确，今天有越来越多的35岁以上的职场人都面临着危机，因为人们普遍认为，这个年龄段如果没有晋升到一定的岗位，如果不能在公司中产生不可替代的能力，可能就会成为被裁员的首选对象。

如果你已经到了35岁这个门槛，请参考我们前面提到的贴标签的话题，如果你还不到35岁，不想在35岁时面临着被裁员的危机，那么你从现在开始就要把T型思维写入你的大脑。

```
┌─────────────────────────────────┐
│  思维广度、接纳、开放、整合能力  │
└─────────────────────────────────┘
         ┌──────┐
         │专业深度、专注、参与、根源性思考│
         └──────┘
```

T型思维是根据"知识结构"划分的新型思维方式,其中T的"横"代表广博的知识面、经验、思维开放程度、整合能力、视野和格局等关键词。T的"竖"代表知识的深度、行业认知的深度、专注度、参与度和根源性思考等关键词。那么,综合T型的整个结构,就是一个具有专业知识又有广阔视野的思维方式和能力储备的人,这个人才能在职场的残酷竞争中不会被轻易淘汰。

从T型思维转移到能力层的表现就是"一专多能",无论遭遇何种危机都有一张"保底"的牌支撑着你,换个角度理解,拥有T型思维的人就是T型人才,基本上等同于复合型人才。

所谓"一专",就是要在某个领域达到超出多数人的水准。

打个比方，对于一名医生来说，想要成为某个领域的专家，首先要掌握大量综合性的医学知识，只有在这个基础之上才能确定在某个垂直领域深入研究和提升能力的可能，进而成为该领域的专家。当然，要完成这个目标必须有一个漫长的积累过程。

加拿大作家马尔科姆·格拉德威尔在《异类》一书中提出了"一万小时定律"：如果你要成为某个领域的专家，至少需要10000小时，这就意味着你如果每天工作8小时，一周5天，成为一个领域专家需要5年的时间。

"一万小时法则"的关键在于10000小时是底线，除了极个别天才，几乎没有谁能用3000小时就能达到某个领域的权威、专家级水准，所以10000小时的练习就是走向成功的必经之路，几乎没有例外之人。

所谓"多能"，就是在"一专"的前提下在其他领域同样有所建树，它可以是80分，也可以是90分，甚至可能是100分，上限根据个人的能力极限来决定。

2021年东京奥运会上，英国选手引起了人们的注意，这并不是因为他们取得了金牌榜第四的好名次，而是他们其中很多人并不是职业运动员，他们在业余时间练习体育项目。比如海伦·格罗佛，她本科拥有体育运动学和教育学学位，曾经在2012年和2016年奥运会女子双人赛艇中获得金牌。

但她并不局限于这个领域,她同时也是田径、曲棍球、冰球和游泳选手。除此之外,历届英国奥运选手中也有很多多面手,比如英国史上获得最多奥运金牌的克里斯霍伊,他是自行车选手,曾经在2000年到2016年蝉联五届奥运会冠军。可他又不仅仅是专在体育领域,他拥有三个学位,达到了具有跨界水准的"一专多能"。

无论是领域内还是跨界的一专多能,例子都比比皆是,但不要归结为这些人是天才,其实在T型知识结构和思维的搭建过程中,最难的并不是知识结构本身,而是在于坚持。比如英国的精英教育就是要将你所有的天赋全部发挥出来,不仅培养学生的文化课的学习能力,也给予学生足够多的体育训练时间。久而久之,这种教育方式就充分激发和挖掘了学霸们的潜能,把他们从书呆子的刻板印象中隔绝出来,在多个领域开花结果。

T型思维的核心在于,过去的时代要求一个人掌握的知识和视野是有边界的,如今各行各业的边际正在变得模糊,所以我们才要学会逆向思考:我如果不做这件事还能做什么?只有学会这种思考方式,我们才能有意识地培养T型思维。

培养T型思维,关键要解决两个问题。

第一,你最擅长的是什么?

这个问题看似简单,但对于那些初入职场的人来说,很多人并不能真的准确定位自己擅长做的事情，只能模糊地给出一个答案："我可能适合做行政吧。""我也许做销售比较适合。"然而这些答案未必是准确的，它很可能只取决于你当前的经验和感知，并不代表着你的真实能力。所以，在你还没有足够底气回答这个问题时，你就要不断涉猎更多领域，从而了解自己的能力区域和能力上限。归根结底，"最擅长什么"其实就是一个"扎根"的问题，你需要扎根在一个具体的行业或者领域中，而不是说你当前被公司安排的现有位置，因为这可能是公司的需求而非你的需求，所以你要拓宽你的视野，走出舒适区去探索，才有机会发现自己最适合做什么。

如今一些年轻人在熟悉一个领域后马上得出了"不赚钱""太辛苦"等结论，过早地给出一个评判，导致轻易放弃了垂直深耕的机会，这同样是有害的认知。在回答"最擅长什么"之前要满足两个条件：**看得足够多，扎得足够深，横向与纵向相结合，你才有机会找到"竖"和"横"的大体边界，在这个区域内展开一专多能。**

第二，观察行业发生的变化。

如今，一线城市之间的地区差异越来越小，教育水平的差异也在缩短，接受本科教育和专业培训的人很难在个人知识和技能上拉开较大差距，所以单纯依靠"一专"来构建竞争壁垒是不现实的，必须朝着横向拓展"多能"。但问题在于这个拓展不能是盲目的，否则就会变成"样样通样样松"，避免这个问题的办法就是观察行业的变化。

打个比方，你当前从事的工作是社群运营，在这方面积累了不少知识和经验，但还不足以和其他人拉开决定性的差距。这时你通过观察和分析发现，一些做社群运营的在玩直播带货，这就需要对所销售的产品有基本的了解，那么你要拓展的知识面就是产品销售，当你把社群运营和产品销售结合之后，就成了既有吸粉能力又有变现能力的运营人才，这样能够取代你或者打败你的人就会大大减少，这时你已经和其他人拉开差距了。

时代的发展，让知识对个体的挑战逐渐增大，人们对于知识体系和结构的掌握面也被要求越来越广。只有做好随时能跨界的准备，才能有意识地增加知识深度和视野的广度。这样当你在步入中年之后，就不会因为平庸而落伍，更不会因为技艺不精而被淘汰，你的命运将由你自己掌控。

6. 结果导向让你进入"开挂"模式

相信不少人都有这样的求职经历：一些企业会特别提出"有结果导向的人"的招聘要求，而在很多企业管理者的讲话中也经常有"大家只会看结果，不看过程"这样的高频名句，甚至任正非也说过："缺少结果导向思维，你一辈子都只能是基层员工。"

由此看来，结果导向似乎深受企业欢迎，与之关联的就是结果导向思维。它的定义是：善于发现和分析问题，具有很强的质量控制意识，能严格地遵照测试流程规范定位。打个通俗易懂的比方：睡觉是任务，休息好是结果，为了休息好我就要完成睡觉这个任务。

很多人在工作和生活中之所以非常忙乱且没有实质性结果，很大程度上和自己不明确最终想要的结果有关。因此结果导向是引导我们少走弯路、少犯错误、提高成功率的正确思维方式。不过需要注意的是，"以结果为导向思维"不是"唯结果论"，而是围绕自己想要的结果来制订计划。比如，老板鼓励我们出去开拓客户,"唯结果论"就是我们最后能不能开拓客户,只要开拓不到就是失败了;但"结果导向"是要求我们以开拓客户为唯一目标,纵然我们可能最后失败了,但是我们在这个过程中进行的市场调研、产品推销、公关外联都是围绕这个目的展开的,都或多或少得到了提升,那么下一次开拓客户的时候就可能会提高成功率,所以不能简单片面地理解为失败了。

"结果导向"同样是一种逆向思维,它让我们放弃正向思考可能造成的桎梏和瓶颈,从目标端来提出全新的解决方案。

eBay是全球著名的跨国电子商务公司,它的企业文化是以结果为导向并成为一种战略工具,由于做跨国业务要面临"本地化"的难关,所以公司会让员工专注针对本地特点的分类广告、票务交换、在线市场等业务的具体目标,不对过程进行干预,而是为了让员工达到理想预期制订适配性更强的计划。在具体实践中,公司还会不断鼓励员工多考虑自己和客户的关系以及工作业绩等因素,以此为结果进行各种挑战,充分激发员工超越战略期望的动力,让eBay的跨国电商业务不断取得新的突破。

想要培养结果导向思维,必须解决三个问题。

第一,完成自我定位。

"结果"并不是一个具象的概念,针对不同的人和组织有各自的定义,所以在结果导向之前要明确自己的身份,比如是决策者,还是执行者。打个比方,你的老板想要拿下一个项目,身为决策者要达到目标就要分解执行，即合理分工给不同的团队，做到专业对口、人尽其才。但如果是执行者，就要理解老板想让你扮演什么角色来完成这个结果，就要发挥自己的专业特长：或是以产品打动客户，或是以话术攻坚客户，或是以数据说服客户，只有完成清晰的自我定位，才能准确地找到倒推的结果完成过程。

第二，强化执行力。

结果导向的过程中势必要执行，而执行则包含了琐碎的细节和若干个困难，缺乏耐心和信心就无法完成。从本质上看，"结果导向"具有一定的功利性，只有配合执行力的强化才能达到目标，简单说就是，不仅要打井，还要真的挖到水。

寺院里有个和尚每天按时按点地把钟撞响，然而他撞出的钟声空泛、疲软，缺乏感召力。而寺院要求撞出的钟声不仅要响亮，同时还要具备"圆润、浑厚、深沉、悠远"等特点，因为只有这样的钟声才能"烦恼轻""智慧长""菩提生""离地狱""度众生"。因此对于和尚来说，仅仅完成了"撞钟"并没有达到目标，只有"撞出合适的钟声"才能达标。执行力不强化，得到的结果不是"真结果"。

第三，做阶段性计划。

结果导向的目的性很强，"容错率"就会降低，为了提高成功率，我们必须针对一个总目标划分出若干个小目标，分阶段地取得"子成果",这样就能确保"总结果"的可得性,确保自己在实践中不陷入"困境"。对此,我们可以采用"OKR工作法"。

"OKR工作法"是由资深产品经理克里斯蒂娜·沃特克提出的:O表示目标(Objective),KR表示关键结果(Key Results),目标是指你想做什么事情,关键结果就是指如何确认你做到了那件事。在实际工作中,我们可以给自己设定一个可明确量化的目标和对应的若干个明确结果,然后告诉自己一定要完成这个结果。

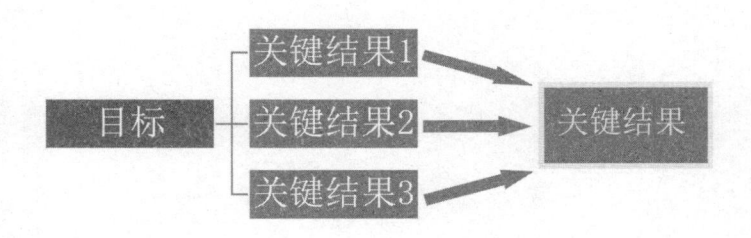

```
目标 ─┬─ 关键结果1 ─┐
      ├─ 关键结果2 ─┼─→ 关键结果
      └─ 关键结果3 ─┘
```

打个比方,如果你是人事经理,可以这样制定OKR:

O:全力招聘,加快企业人才系统搭建。

KR1:9月30日之前,30人准时到岗。

KR2:新员工试用期通过率达到70%。

KR3:开展4场培训活动,通过沟通交流提高员工对企业的忠诚度和认同感。

对于打工人来说,要理解老板开设企业的目的是赢利,所以公司对每个员工的评判标准就是能否为企业所需要的结果产生价值。那我们就要根据企业的结果导向来设置自己的导向：如何在为企业产生利润的过程中显示自己的核心竞争力。只有重视这个结果并倒退可操作的过程，我们才有可能达到甚至超出企业的预期。另外请你记住：**你的过程纵使波澜壮阔，也不如最后泛起的一丝涟漪；你的过程纵然跌跌撞撞，照样有人在终点为你鼓掌喝彩。**

第三章

你可以恐惧社交，但不能恐惧社会规则

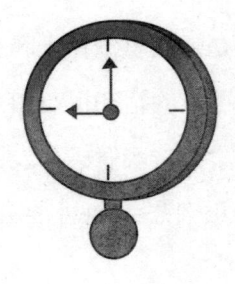

1. 高情商不过是会阅读"社交说明书"

网络上热门的一种对比，把说话的模式分成高情商和低情商两种。比如在评测某一款产品发现缺点时，高情商的说法就是"后期有很大的提升空间"，而低情商的说法就是"体验很差"。"高情商"成为当下最常见的人设标签之一。

其实，高情商并不是什么让人遥不可及的高端技能，**它通常是指情绪和智力的发展程度。所谓情商很高，就是能够调节自身的情绪，不会成为情绪的奴隶，只要你能掌握调节的方法，也能成为社交中受人欢迎的高手。**

那么问题来了，如何掌握调节方法呢？其实这并不困难，高情商的一个重要特点是能够进行"角色置换"，即换位思考，这正是逆向思维在人际交往中的实践应用。相反，正向思维往往会从己方的认知视角和当前情绪出发，顾及不到对方的感受。

某位高管请朋友到家里吃饭，顺便展示一下自己的厨艺，顺着正向思维他可能会说："我做的菜很好吃，今天给大家露一手!"如果这样说,纵然他在厨房不"翻车",也会因为这句话提高了大家对他厨艺的预期,所以就算是正常发挥大家也不会觉得太意外,当然他想要得到的赞誉也会大打折扣。但如果是高情商的人可能会这么说:"不好意思,今天准备不足,可能做得不太符合大家口味,希望大家海涵!"这种说法既礼貌贴心又谦虚谨慎,而且先给大家做了预防,在这种情况下只要正常发挥就能收获大家的赞美之词。

这个案例就是逆向思考的代表:你要逆着自己和他人的预期来说话,这样反而会更容易强化你的个人形象和社交口碑。

其实,**高情商研究的就是"社交说明书",它能告诉我们如何"掌控"社交,让人与人的关系更加和谐,让自己的情绪不处于负面状态,从而赢得一个皆大欢喜的完美结局,而逆向思维就是理解这张说明书的阅读器**。下面,我们就来拆解一下逆向思维在高情商方面是如何运用的。

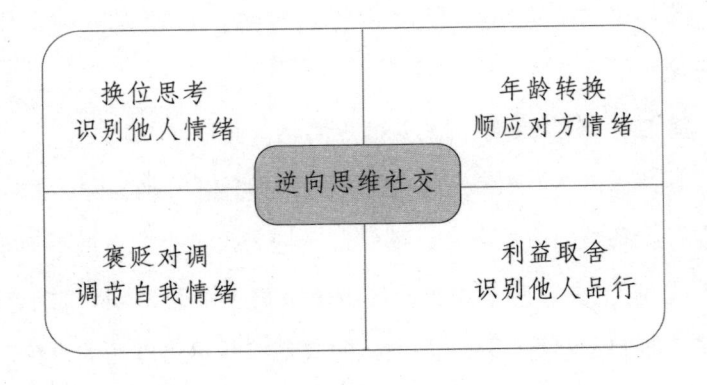

换位思考 识别他人情绪	年龄转换 顺应对方情绪
逆向思维社交	
褒贬对调 调节自我情绪	利益取舍 识别他人品行

第一，换位思考，识别他人情绪。

高情商的人善于站在他人的角度理解对方，这就是逆向自我的情绪而转向对方的情绪。很多人想必都有这样的同感：生活中那些惹人讨厌的角色，总是喜欢围绕着自己展开话题和输出情绪，在别人难过时冷嘲热讽，在别人喜悦时泼冷水，在别人讲话时粗暴打断……这种不顾及他人情绪的做法就是因为他们想让自己成为焦点，所以才会不顾及对方的情绪，成为不受欢迎的人。

相比之下，情商高的人则完全不同。他们会站在对方的立场思考问题，能够准确地识别他人的情绪，不会插话，不会打击他人，更不会自我吹嘘。打个比方，春节时你看到了久违的亲戚该聊什么话题呢？先是代入对方的视角：过年走亲访友最怕什么？当然是催婚催生了，所以就不要主动询问有关婚育的问题，同时也不要好奇地打听对方的收入，这样就能尊重对方的自尊和隐私，等到对方愿意主动和我们分享时再开启这个话题。

换位思考，就能让社交产生边界感，自然就会赢得别人的好感。

第二，年龄转换，顺应对方情绪。

高情商的人在社交时，会按照不同的年龄段特点与之相处，其中有一条原则值得参考，那就是"把老人当小孩，把小孩子当老人"。听上去有些错误，但仔细琢磨之下不无道理。对于老人来说，他们更容易做出一些固执的甚至有些不可理喻的事情，而出于尊重的需要就要顺着他们的脾气，而不是把他们看作理智的成年人，这才是让"老小孩"高兴的秘诀。同理，和小孩相处的时候，不能以大人的身份去教训他们，这会让对方很反感。而是应该平等对待，尊重他们的喜好，维护他们的自尊，尽量消除代沟，这样对方才愿意和你交流。年龄转换，就能做到在社交中触及对方的心灵，从而获得对方的信任。

第三，褒贬对调，调节自我情绪。

心理学上有一个名词叫作"增减效应"，也叫阿伦森效应，是指人们喜欢对自己的喜爱不断增加的人，讨厌对自己的喜爱不断减少的人，由此也推导出一条沟通技巧，那就是"先否定再肯定"最容易收获对方的好感。原因在于先否定，对方会留出情绪上升的空间，同时证明自己并非阿谀逢迎之辈，这时再肯定对方就能收获分量十足的好感。

通用电气公司的掌门人杰克·韦尔奇是一个善于沟通的人，只要是他的员工基本上都被他骂过，但是他们对韦尔奇依然崇拜和尊敬，甚至在被批评之后工作变得更加有干劲儿。这是因为韦尔奇在批评员工之后都会送给员工一个有他亲自签名的小纸条，上面写着鼓励和赞美的话。这就是前文提到的"先否定再肯定"的沟通技巧。批评加赞美的方式，让员工更能接受他的批评和指导，按照他的思路为公司做贡献。观察你身边善于沟通的老板、大咖、前辈们，是不是多少都能看到杰克·韦尔奇的影子呢。

褒贬对调，既能满足他人被肯定的需求，也能达到督促的目的，进而强化彼此的关系。

第四，利益取舍，识别他人品行。

高情商的人很少和别人发生冲突，这不仅是因为他们的表达技巧，还得益于他们的处事技巧。他们为了准确识别身边不可深交之人，往往会在初见时给予对方足够的尊重，甚至还会让出一部分利益，让对方的欲望、野心、底线充分地暴露出来，从而展露本性。这样就能避免在深入交往时造成重大利益的损失，能够洞悉并利用人性弱点，这是高情商社交的基本逻辑。

利益取舍，在乎的不是眼前的一分一毫，而是着眼于长远。

在社交中，顺应情绪的自然发展，往往会让结果不可控，最终破坏人际关系。而在职场之中，人际关系因为利益纠葛会更加复杂多变，这就更需要我们时刻调节自己的情绪。既要小心翼翼，又要敢说敢为，这样就能在避免一些职场禁忌的同时也能确保自己的利益不受侵害。不要担心你没有说话的天赋，因为你很可能只是没有采用正确的思维模式去思考，只要你不束缚自己的思维，懂得灵活转换，握住逆向思维的钥匙，你也会被别人贴上"高情商"的标签。

2. 朋友圈法则：越精简越突出优质感

"朋友遍天下"是对自我人脉凡尔赛的一句话，然而还有一句扎心的话是"知己有几人"。

当你的某一条状态得到几十甚至上百个点赞之后，你可能会欣喜地发现，原来身边有这么多的朋友关注着自己。然而仔细想想，或许这些点赞只是社交礼仪，因为"朋友圈里没有朋友，有的只是人设"。

人具有社会属性，人脉作为一种价值潜力巨大的资源，对每个人的重要性不言而喻，但是并不能简单推导出"朋友越多，人生越成功"之类的结论，因为数量多并不代表着质量高，而人脉无论是从资源属性还是情感属性来看，少而精永远大于多而滥。针对这个问题的讨论，我们可以通过逆向思维来进行解析：想要得到"优质的朋友圈"这个结果，那么在时间、精力和金钱等定量之下，自然是朋友越少，单个分配到的资源就越多，越容易培养出高质量的人际关系。

在逆向思维的推导下，我们需要接受一个事实：成年人的社交是和经济学挂钩的，这里要引入经济学中的一个名词"理性人"。

"理性人"是指能够合理利用自己有限的资源，为自己获取最大的效用、利润或社会效益的人。运用在社交领域，单指具体的人而非某个团体。

古典经济学家亚当·斯密，以"理性人"这个概念为蓝本扩大了外延：一是自利，二是理性，而这两个因素恰恰是社交生活中无法避免的。试想一下，我们请朋友吃饭，固然不是为了让朋友改天回请我们，但也是为了增进感情，让我们在需要帮助时获得对方的支持，这就是带有"自利"性质的。同样，这顿饭不能超出我们的承受范围，甚至要和我们想要获得的回报成正比。

当多年不联系的前同事忽然找你时，不是发结婚请柬就是借钱，而作为理性人从"自利"和"理性"的角度出发是完全有理由拒绝的。一来浪费金钱和时间，二来预期回报十分渺茫，且这种人脉资源是超低价值甚至是无价值的，和我们要追求的"优质"相去甚远。

或许你对"最小经济代价"和"最大经济回报"有些陌生甚至是敏感，其实我们一直在遵循这个原则，只是很多时候没有意识到罢了。比如在通信录里多年未联系的老友，我们大概率不会轻易删除，而是默认保留，万一有朝一日能用上呢。你看，这就是最经济的方式保留了日后获得回报的可能。

　　成年人的社交不同于孩童之间的社交，后者往往是感性的、随意的。因为孩童付出的成本也相对较低，但前者如果也是感性和随意的，那很可能要付出高昂的代价。因此理性抉择和自利原则是心照不宣的当代社交法则，它所展现的就是一种"社交极简主义"。

　　什么是极简？就是最大化地对投入成本进行"约分"，打个电话就能沟通感情，那就没必要见面吃饭；线上送个电子贺卡就能保持联络，那就不必真金白银地购买礼物。当然，我们不必担心这种方式会被对方认为自己很"算计"，因为对方也可以用这种经济的方式来对待我们，这种透明、简化的社交关系其实很能获得大家的认可。

　　《道德经》有云："万物之始，大道至简，衍化至繁。"这句话套用在社交领域也是成立的。**成年人特别是职场人的社交，一定要精简淡泊，这样既能节约时间、精力和金钱，也能让我们避开一些不必要的麻烦**。打个比方，你和同事之间的感情联络完全可以靠"蹭"部门聚会来完成，不耗费你多余的时间和金钱。但如果你选择私下聚会，既增加了投入也可能会遭人猜忌，认为你在背后搞小团体，这就违背了"简单透明"的社交经济学原理。

　　精简并不代表敷衍，如果你确认某个同事跟自己十分投缘且对自己未来的职业发展有重要帮助，那么你完全可以通过上班时间的工作互助、午餐时的交流来增进感情，有选择性地培养你的职场人脉。既没有多耗费社交资源，也锁定了高价值的社交对象，在这种逻辑的操作下，你的朋友圈才能逐渐从平庸走向优质。

现代管理学之父彼得·德鲁曾经提出一个问题："两个人挖一条水沟要用两天时间，如果四个人合作，要用多少天完成？"小学生的回答是"一天"，而杜拉克则认为这个答案不是固定的，可能是"一天"，可能是"四天"，也可能"永远完不成"。

这个答案为什么会有如此大的差别？这就是在于"人多好办事"并非真理，"朋友遍天下"也可能为你惹来麻烦。事实上每个人都有交友的最佳数量，它会根据你的性格、职业、社会地位、婚恋状况存在上下浮动。而我们就应当选取接近最佳数量，也就是最经济的数量，从而减少无用的社交时间，降低社交成本，达到社交利益的最大化。远离鱼龙混杂的无用的社交圈，能够区分点头之交和推心置腹，这才是成年人的社交经济学。

在人际交往中，正向思维容易让我们陷入脱离现实的空想状态，让我们被盲目的、无计划的、不经济的社交生活所绑架，最终距离预期目标越来越远。此时我们不妨转换思维，采用逆向思维往往会有不一样的效果，它让我们更容易脚踏实地处理好人际关系，从现实角度争取结果的最大化和资源的最优化。

3. 讨好型人格，讨好的只是你自己

在都市疗愈剧《女心理师》中，聚焦了一些不同类别的心理问题案例，其中小莫在职场中的讨好型人格案例让很多观众共情，心酸又无奈地表示"这是我本人没错了"。

讨好型人格在心理学术语上被称为"迎合型人格"，是我们常说的好好先生或者好好小姐，他们的特征是能够为了赢得别人的好感而忽视自己的感受。

如果你不确定自己是不是讨好型人格，可以从以下四个方面作为参考标准。

恐惧说出真实想法。讨好型人格通常都内心敏感，总是担心被别人否定，所以会把真情实感隐藏起来。

不会拒绝。讨好型人格非常在意自己在别人眼中的地位，总是担心被别人讨厌，会为了维持良好关系而无条件地答应别人的要求。

刻意迎合他人。在日常社交特别是工作中，面对他人提出的

观点总是加以赞同，就算有别的意见也不敢反驳，在潜意识里认为对方就是要比自己更出色。

担心得罪别人。在日常交流中总是陷入一种"自我挣扎"的困境，每次开口前都会在心里不断组织语言，过分小心谨慎，生怕说错话得罪别人，而别人一句不经意的话也会让他们误认为是在攻击自己。

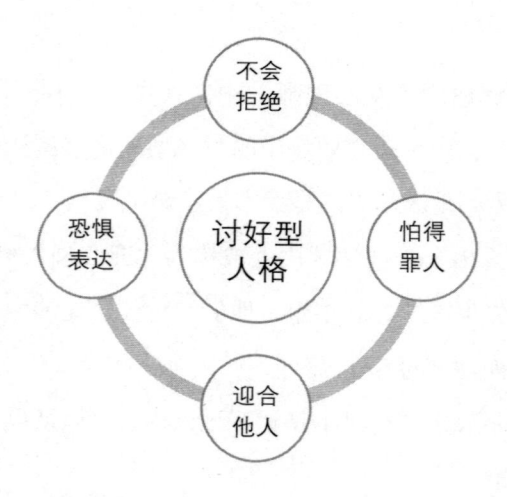

```
        不会
        拒绝

 恐惧          讨好型         怕得
 表达          人格           罪人

        迎合
        他人
```

讨好型人格是如何形成的呢？根据精神分析大师弗洛伊德的理论解释，是对自己的认可程度低，认为自己不值得被爱，缺乏安全感，因此只能通过讨好他人来证明自己的存在意义。一般来说，这种扭曲的认知和接受的教育方式有关，比如家长对孩子的控制欲过强、期望过高等不当的教育方式。

实际上，职场上会存在着大量的讨好型行为，他们可能不是严格意义上的讨好型人格，但在认知和行为方面十分相像。一方面可能跟早期的家庭教育有关，另一方面就是很多初入职场的人有的共同心态：我是新人，只有讨好领导和同事才有立足之地。然而事实并非如此，无论是日常的社交生活还是职场交往，对他人的有意讨好都会给自身带来巨大的危害。

第一，失去自我。

诚然，初入职场的新人没有经验和资本，甚至还缺乏一定的专业技能，虚心谦逊、保持低姿态是必要的，但这并不意味着你永远都要低人一等。一旦把讨好他人当成日常工作的一部分，就会在无形中塑造你的自卑感，这种潜在的思维定式会让你将价值感投射到对方身上，习惯于压抑自己的感受，对领导的不合理安排毫无怨言，对同事的不配合不敢反抗……久而久之，你的心理会趋向不健康发展，你在团队或者公司中的位置也会逐渐边缘化。

第二，职场关系畸形。

领导是我们的上级，但这并不代表我们要无条件服从对方；同事是我们的工作伙伴，但并不代表着我们只能赞同不能反对。把未来都寄托在别人对你的态度上，这种畸形的职场关系，会直接破坏你的个人职业发展，影响你未来的发展计划。

第三，导致心理疾病。

去除休息日，每天至少要有七个小时的时间忙于工作，打交道最多的往往就是领导和同事，如果我们不能消除讨好他人的意识，让这种行为不断压抑我们的情绪，由此会诱发焦虑、抑郁等心理疾病，届时你不仅会失去在职场大展拳脚的机会，还给身体、心理造成巨大的损伤。

那么我们该如何改变讨好型人格以及相类似的行为呢？按照正向思维的方式，我们很难规避讨好型人格，那么我们可以试着转换思维，采用逆向思维去尝试破局。

第一，无条件迎合对方，对方就真的会认同你吗？

换位思考，如果一个人具有相关的专业知识或者拥有一定的从业经验，但对你提出的要求没有任何意见地全盘接受，面对这样一个人，想必你也会不自觉地给他贴上"无能之辈"这样的标签。在工作中展示的能力不强，没有主见无条件地配合别人，久而久之，无论是领导还是同事，都不会把重要的工作交给这样没有能力独当一面的人。

我们学会不迎合对方的第一步，首先是要学会思考。领导交付的任务，一定要思考一下老板提供的外部资源、时机和条件是否成熟，如果答案是否定的，那要提出合理的建议，避免因为条件不足导致任务失败而成为背锅侠。在面对同事时，我们也要思考。执行工作会面临的现实困难，重要的环节不能自己全部承担，要发挥团队的作用，避免出现成功了功劳是大家的，失败了是你全责的局面。团队的任务一定要注意分工、配合，以团队为中心，而不是以某个人的意志为主导。

美国哥伦比亚大学医学中心经过研究发现，只需要推迟50~100毫秒做出决策，大脑会开启屏蔽干扰的功能，进而提高决策的准确性，所以我们在工作中一定要养成"先思考再答复"的习惯，这样一来我们就会从无条件迎合转变为独立思考，从而在职场上建功立业。

第二，拒绝别人的话，对方就一定会变成我们的敌人吗？

同样是换位思考，你的一个请求被对方拒绝了，难道你就此要和对方划清界限吗？显然不会，因为这样一来你就彻底失去了获得对方帮助的可能，同时在职场上多了一个敌人。即便你是领导，也不会喜欢一个只会接受命令不会思考的人，因为有时候你也需要下属为你提供有价值的意见，而一个只会讨好的员工是不具备这种潜质的。

讨好型思维的核心在于掉进了一个陷阱里，就是担心自己的反馈行为会引起对方的不满。实际上，如果只因为一件小事被拒绝就和你为敌的人，从一开始也只是把你当成工具人罢了。这样的人对你在职场上的发展不仅无帮扶作用，反而还会成为你的绊脚石，所以不必对他们唯唯诺诺。

第三，不会讨好别人，我们就一定会失败吗？

在回答这个问题之前先看一个真实的故事。

克利夫兰从小骨子里就流淌着反叛基因，他的父母一直盼望他成为一个神职人员，然而他却想成为像华盛顿那样伟大的人物。后来克利夫兰因家庭经济拮据无法继续求学，只好辍学打工，所幸遇到一个好心人愿意资助他继续念书，但是提出了这样一个条件：让克里夫兰从事神职工作。克利夫兰拒绝了帮助，选择一边打工一边念书，终于在22岁的时候通过了国家律师考试成为一名律师。克利夫兰当法官时清正廉洁，拒绝了很多人也得罪了不少人。当他成为布法罗市的市长时获得了"否决市长"的绰号。1884年，克利夫兰被提名为民主党总统的候选人并成功击败了竞争对手，成为美国第22任总统。

一个一生都在拒绝别人的人，最终成了一国总统，因为他拒绝的前提是守住自己的原则和底线，而这恰恰是赢得别人信赖的基石。同理，当我们为了讨好别人而放弃底线、原则甚至是理想时，我们才真的和成功彻底无缘了。

日本作家村上春树曾说："**不要太乖，不想做的事情可以拒绝，做不到的事不用勉强，不喜欢的话假装没有听见，你的人生不是用来讨好别人，而是善待自己。**"我们在工作和生活中也该如此，只有先学会关爱和关注自己，才能明确自己需要什么，从而引导我们在正确的道路上前进，毕竟我们才是自己人生的主角。

4. 陪伴规则：关系越长久越要算得失

想必很多人都听过这句话：做人一定不能太计较，计较得越多，失去的就越多。然而，事实真的如此吗？

在任何一种关系里，人与人之间都不可避免地会存在着计较，只不过有的人是锱铢必较，有的人只在大事上计较。就像作家张嘉佳所说：斤斤计较的，未必不善良。那么，计较得失究竟有哪些好处呢？

计较得失可以保护对方。

在和朋友的相处中，"斤斤计较"往往是对彼此的尊重，它在某些社交情境中可以被理解为一种"算计型"的礼尚往来，代表着一种基于平等关系的物质交换，因此在这类情境中，把利益计算清楚，反而会让彼此在公平透明的关系中交往。

A 和 B 是职场上认识的朋友，他们交往了十年，每逢过年都会登门拜访互送礼物，而礼物的价值是对等的。你给我的孩子送一个书包，我就给你的孩子买一件衣服。后来，B 因为创业失败而债务缠身，而 A 在拜年时只送给了孩子一套普通的文具。有人认为 A 是因为 B 混得不好而不想深交，送礼也极其敷衍，但 A 给出的理由是：正因为 B 现在经济状况不佳，所以才要送低价值的礼物，这样他在回人情的时候才能减少压力。

想要长久的陪伴，就要计算得失，因为这种计算不仅是为自己的利益考量，也是在照顾对方的利益。有些人之所以不能接受这一法则，是因为他们总是习惯从正向思维的角度看问题：我对朋友处处计较，如何才能保持长久的关系呢？但是，如果用逆向思维思考你会发现：正因为是长久的关系，任何一件"不该计较"的小事都会因为时间的推移变成大事。

计较得失能够保护自己。

一对亲姐弟，姐姐和姐夫承包了几十亩鱼塘，年收入二十万，而弟弟因为做家具生意亏了十多万，掏空了父母的养老钱，这让姐姐十分不平衡。经过和弟弟商量，两人签了一份关于父母养老的协议书，一方面避免了弟弟无休止地"吸血"父母，另一方面也维护了自己的利益。

发展心理学认为，只有内心成熟的个体才具备核算成本的能力。换句话说，当我们产生了价值核算的意识之后，就会去计较生活中各个方面的得失，哪怕被计较的对象是我们的亲人或者朋友。

计较得失是认清自我的表现。

乔布斯曾说:"很多人都不会拿起电话去求助他人,这就区分出了行动者和做梦者。"一个认知能力成熟的人,了解自己的能力和水平,会通过实际情况进行自我评估,所以他能正确地认识到自己的普通,也能理性地接受现实。

心理学研究表明,如果我们开始和身边人计较得失,就会在一定程度上减轻自己的心理压力,从而以一种全新的心态去面对这段关系。

在电视剧《欢乐颂》中,樊胜美被一家人"吸血",家里人有事就指望她来扛下所有,樊胜美一开始就选择了隐忍,即便再难也不会拒绝,可她自己也无法解决问题,最终让自己陷入困境。"亲兄弟,明算账"就是这个道理,有时候对亲人的不计较,最终可能会变成超负荷的压力背负在自己身上。

计较得失是在维护一种平衡感:长久的关系,一定是建立在分寸感上的,而计较就是分寸感的丈量工具。

经济学认为,供求关系是同时出现的,既然有供给,就一定存在需求,不然就会发生极端的情况。实际上,人和人之间的"供求关系"就是一种相互依赖理论。

所谓相互依赖,是指人们像购物一样在人际商场里寻找最合意的"商品",每个人其实都在寻求以最小代价获取能提供最大奖赏价值的人际交往。交往双方都必须满足自己的利益,一旦和某种人际交往的奖赏大于代价,就会得到正反馈,反之就会产生负反馈。只有长期处于正反馈的状态中,这段关系才会有可能长久地保持。

《芈月传》里的芈月和芈姝原本是一对好姐妹,不仅互帮互助,还愿意为对方牺牲自己。然而这种平衡的交往关系在芈姝远嫁秦国后被打破了,因为芈姝对嬴驷的感情付出并没有得到预期的回报,甚至她预期的回报有一部分转嫁到了芈月身上。这就违背了交往中的相互性原则,打破了平衡甚至变得不可调和,最终只能以暴力手段解决。

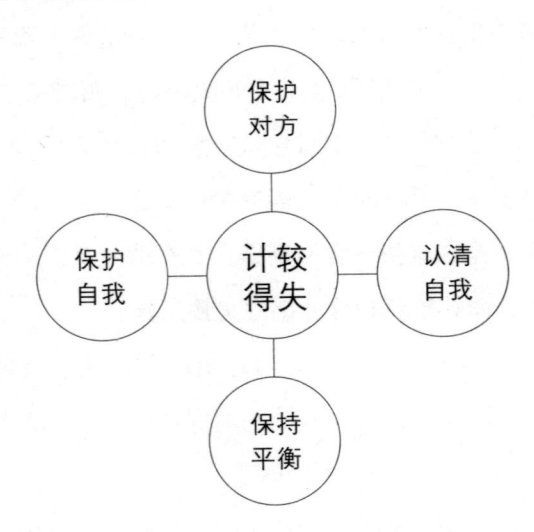

```
         保护
         对方

   保护   计较   认清
   自我   得失   自我

         保持
         平衡
```

美国心理学家威拉德哈利提出了一个"情感银行"的概念,是说每一个人心中都存在着一个"情感账户",分为"存款、取款、透支和破产"四个部分：存款指的是在日常生活和工作中往别人的情感账户里存入我们的肯定、赞美、支持、关心等；当我们求助、下指令、需要获得支持等，就叫取款；当我们带着情绪来批评、指责、对方等，就是在透支彼此间的关系；当我们背叛、欺骗和出卖等，就意味着让彼此间的关系马上破产。

帮助他人就是成就自己，同理，计较得失既是对自我利益的保护也是对他人利益的尊重，归根到底是维护关系的有效行为。当你什么都不计较，那么这段关系出现危机的可能性会增大。当你什么都不想去在意的时候，恰恰也证明了这段关系在你眼中已经无足轻重了。

5. 合作规则：要敢于面对冲突

　　商界中流传着一句话："不吵架的合伙人是做不成生意的。"无独有偶，社交圈中也有类似的话："如果从没吵过架，那就很难成为真朋友。"这个理论听上去有些无理甚至荒谬，但是当有人说某某夫妻一辈子没吵过架，又会马上有人质疑：世界上真的有不吵架的夫妻吗？我们当然不能完全排除这种可能性，但从普遍性的角度来看，和你长期交往且没红过脸的人，其可靠性的确是要打上一个问号的。

　　工作中，难免出现红脸甚至争吵的情况，带有攻击性的恶性争吵自然会破坏彼此的关系，但也有良性的争吵，这不仅不会破坏关系，反而还会促进合作。通过争吵来发现问题，消除合作隐患，进入良性循环。

　　我们害怕与人产生矛盾，是因为用正向思维推导：不争吵才能维系和谐稳定的关系。但是反过来看，稳定的关系是通过不争吵（规避矛盾）来完成的吗？显然，"规避"矛盾不是真正的化解矛盾，只是绕开了可能会引发双方冲突的点而已。如果长期合作，其实是很难绕开这些冲突点的，所谓的维护和谐不过是表面上绕开了而已，迟早都会爆发，届时场面将更加难以收拾。

在逆向思维的推导下，我们可以发现"良性争吵"稳定人际关系的四个原因。

第一，暴露问题。

不暴露问题是危险的，只有当争辩出现，双方情绪失控的时候，才会摒弃虚假客套的面子工程，把隐藏在心中的实话讲出来，这样才能把问题摆在台面上。如果我们害怕暴露问题，其实就是在客观上放纵问题，任其发展变得更加严重，从长远来看是有百害而无一利的。

第二，释放情绪。

合作中难免产生各种矛盾，有些矛盾并不值得我们动怒，但会变成负面情绪堆积在心中，久而久之积郁成更大的负面情绪，只要一个导火索就能爆发。而此时爆发往往是控制不住的，会造成不可逆的后果，所以与其积攒爆发不如阶段性疏解释放。

第三，筛选结果。

合作中必然存在分歧，这种分歧虽然可以通过日常沟通提出，但未必会得到很好的解决，往往情绪爆发时这些分歧才会被大家真正重视和面对，最终提出一个双方都认可的方案。

第四，交换意见。

很多合作上的争吵，在外人看来不明就里，但是对于内部人士却很清晰。双方其实是就一些问题在交换意见，是一种冲突性强的头脑风暴，虽然是针锋相对的语言碰撞，却能在最短的时间内提出解决问题的思路，因为人在大脑急速运转的情况下往往会提出更有建设性的意见。

争吵，虽然是人与人的矛盾显现，但从心理学的角度看，它代表着一种强大的"能量"，这里所说的"能量"是一个中性词，既可以建设也能够破坏。所以只要不加入人身攻击性质的内容，大部分争吵是能够起到积极作用的，可以在激烈的语言交流中传递个人情感、心理需要、价值观念等。

当然，我们不能听信心灵鸡汤式的劝导：争吵有利于增进感情。我们要认识到它同样存在着破坏力，所以要掌握好"科学争吵"的技巧。

心理学家卡里尔·鲁斯布尔特按照"破坏性—建设性""主动—被动"两个维度将应对冲突分为四类：退出、忽视、协商和忠诚。"退出"是"破坏性＋主动应对"，这是破坏关系的不当选择；"忽视"是"破坏性＋被动应对"，同样是破坏关系的消极选择；"忠诚"是"建设性＋被动应对"，是一种盲目的妥协；而"协商"则是"建设型＋主动应对"，是我们提倡的沟通或者争吵的方式。

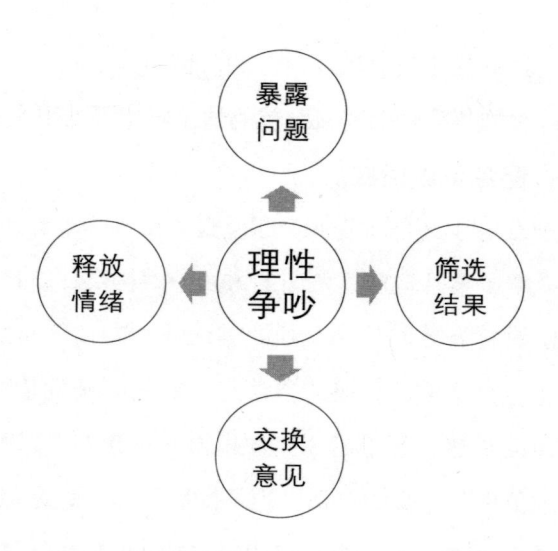

```
        暴露
        问题
         ↑
释放      理性      筛选
情绪 ←    争吵   → 结果
         ↓
        交换
        意见
```

那么,如何在"建设型+主动应对"的前提下应对冲突呢?

第一,尊重对方的价值感。

争吵的过程就像是计算机编程,在编码(组织己方语言)和解码(理解对方语言)的交互中做出正确的选择。如果在这个过程中不懂得正确发送和破译,就会造成误会或者让误会加深。因此,要解决这个编码和解码的过程,就要懂得"自我价值保护原则"。

自我价值是人对自我价值的肯定和评价,而自我价值保护则是对自身价值的心理支持,避免他人对自己进行贬低和否定。所以当你和对方交流时,不要急于否定对方的价值感,比如不能说对方"看着资历老其实什么都不懂""你的专业知识早就过时了"……这样的话语就会破坏对方的价值感。当自我价值保护机制启动，此时的争吵就会变成纯粹的情绪输出而非意见交流。

第二，避免负面回应。

既然进入争吵这个环节，对方提出了自己的观点，就不要采用讥讽、挑衅、表示轻蔑等负面的方式应对冲突，这样只能激化矛盾，无法进行有效的信息交换。理性争吵的目的是解决问题，一定要铭记这个本质。正确的方法可以是用高涨的情绪去回应，立足于观点的表达，而不是用"你说得永远都对""以后所有客户都由你来负责"之类的气话；更不能翻旧账，这是最危险的负面回应方式，比如"上一个订单也是你搞砸的"，这种已经翻篇的往事不宜重提。当然，如果情绪失控不小心进行了负面回应，可以暂时中止争吵："我觉得现在自己过于激动了，我们停十分钟再来谈。"让情绪稍微平复下来，整理信息整合观点，再继续，避免让矛盾在不理智的负面表达中升级。

第三，掌握"听话—说话者"技巧。

"听话—说话者"是确保每个人都能发言的一种原则，避免在争吵时一方急于输出情绪而不给对方输出观点的机会，这里的关键词就是"发言权"和"停顿与重复"。

发言权：指定每个人只能发言一分钟或者三十秒，然后让对方开口，或者让一个中立的第三方维持秩序。如果对方完全不接受这个设定，那此次的争吵极大概率会出现恶性结局。

要避免这种情况发生。

停顿与复述：即使你语速惊人、肺活量奇大，在表达观点、意见的时候也要适当地停顿，这样有助于自己复盘和对方理解。同样，你还需要进行复述，让对方理解你要表达的重点。

美国心理学家奥尔特曼认为：**良好的人际关系是在自我表露逐渐增加的过程中发展和亲密起来的**。因为在社交中存在一定的竞争关系，导致人们出于自我保护的需要会先把自己包裹起来，结果就是强化了自身的神秘感，在人际关系中给人一种捉摸不透的距离感。所以适当地暴露自己，通过各种方式向他人表明自己的态度和想法，就能很快地缩小和对方的心理差距并最终增加彼此的信任感。

我们不得不承认，奥尔特曼所描述的"各种方式"中，冲突是最常见也是最有效的渠道，从这个角度看，一段意在长久发展的关系中冲突是必由之路。

人在面对冲突会时会做出各种不同的反应，有的不利于关系维护，有的则能提升关系，逆向思维要做的就是不是像鸵鸟一般避开冲突，而是直面冲突，通过建设性的方式来应对，最终化解冲突。

第四章

成功者正确打开方式：
锤炼底层思考能力

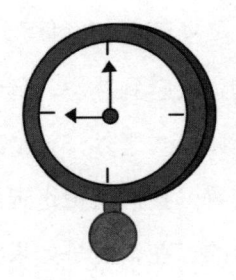

1. 破解舒适区魔咒：变量思维 PK 定量思维

俞敏洪上高中的时候，他的老师曾经给他下了结论：一辈子只能当个农民。然而俞敏洪偏偏不信命，他开始发愤图强，从农村考到了北大，后来又成为北大的优秀教师。然而就在他已经算是出人头地之时，却毅然决然地辞去了稳定的教师工作，转而开办了新东方学校。后来，随着"双减"政策的推行，教培机构遭遇灭顶之灾，俞敏洪却没有一味地抱怨大环境，而是带着新东方员工转战直播行业谋求新发展，最终通过让人们眼前一亮的新形式带货让新东方再次焕发新的活力。可以说，俞敏洪的人生之路，就是在不断地走出舒适区才得以不断取得新成就的。

所谓"舒适区"，指的是人们已经形成习惯的一些心理模式和让人感到熟悉、驾轻就熟时的心理状态，一旦人们的行为处于上述模式之外，就会感到焦虑甚至恐惧。当然，从自我保护的角度看，我们抗拒走出舒适区是因为外面的区域是陌生的甚至是危险的存在，但是如果我们用逆向思维思考就会发现：由于舒适区已经被我们完全探索了，基本上不存在任何未知的、有潜在价值的资源，而在舒适区之外存在着我们尚未探索接触到的事物、思想和机遇，获取它们虽然存在困难，但一旦成功就能抢占先机。

如果永远龟缩在舒适区中，我们就不可能获得真正的成长和更有价值的资源。

成长通常是伴随着挫折的，正如在职场上，你从事的是自己最熟悉的业务，联系的是已经开拓成功的客户，撰写的是有过先例的方案，那对你来说确实很舒适，但如果公司转型需要你学习新的业务，老客户不再适用需要你获取新客户，旧的方案不能满足市场需求，那你就必须走出舒适区应对挑战，只有冲过这些障碍才有成长的机会。

好莱坞著名导演詹姆斯·卡梅隆拍摄了《泰坦尼克号》《阿凡达》等优秀作品，他本人是一个十分热爱冒险的人，总是尝试去探索未知事物，这种性格让他不断走出舒适区，不断尝试摸索新事物，频频产出佳作。在拍摄深海题材的电影《深渊》时，由于涉及大量的水下场景，卡梅隆最终决定实拍，为了达到最佳效果，他和演员一天有5~8个小时都是泡在水里的。如果不是本着对艺术的负责态度，卡梅隆大可不必亲自上阵或是采用特效也能蒙混过关，然而他就是不甘心待在舒适区里，正是他的这种韧劲儿，《深渊》获得了第62届奥斯卡的最佳视觉特效大奖。

不走出舒适区，人就像是长期待在一个空调房中，对外界的气温缺乏足够的感知，一旦走出空调房就会浑身不适，因此舒适区也可以理解为身体处于"亚健康"的状态。我们的世界里极少有永远存续的空调房，却有着永远陌生的非舒适区，不断尝试突破、不断适应新环境才是唯一的出路。

那么，我们如何从容地走出舒适区呢？

美国密歇根大学教授诺埃尔·蒂奇认为，在舒适区以外存在着两个区域：学习区和恐慌区。舒适区就是我们学习起来没有障碍的、习以为常的事物；学习区则是对我们具有一定挑战的，或许会感到难受但还在一定承受范围之内的事物；而恐慌区则是完全陌生的、远超出自己能力范围的事物，会让我们感到严重的心理不适。

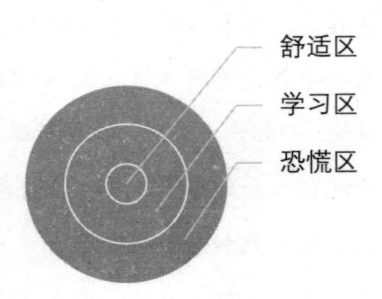

奥运冠军李宁号称"体操王子"，获得的金牌多达106块，在辉煌时期意气风发，享尽荣光。然而1988年的汉城奥运会，

李宁在比赛中意外失利，从吊环上摔了下来。随后，李宁宣布退役，那一年他只有26岁。退役后，李宁面对的选择主要有两个，一个是做教练，另一个是担任政府官员。但是李宁最后选择加盟广东健力宝集团，尝试接触舒适区之外的新领域，之后创立了"李宁"体育用品品牌。

李宁虽然走出了舒适区，但他没有盲目进入恐慌区，而是选择了有一定认知基础的体育用品，因此他能在控制风险指数的前提下创业成功。

对于大多数人来说，盲目踏入恐慌区是不明智的，而处于学习区才是最明智的，既能控制风险应对有胜率的挑战，也能保持相对稳定的情绪，避免因为恐慌而陷入长期焦虑的状态。根据这一原理，我们可以采取以下四种方法慢慢走出舒适区。

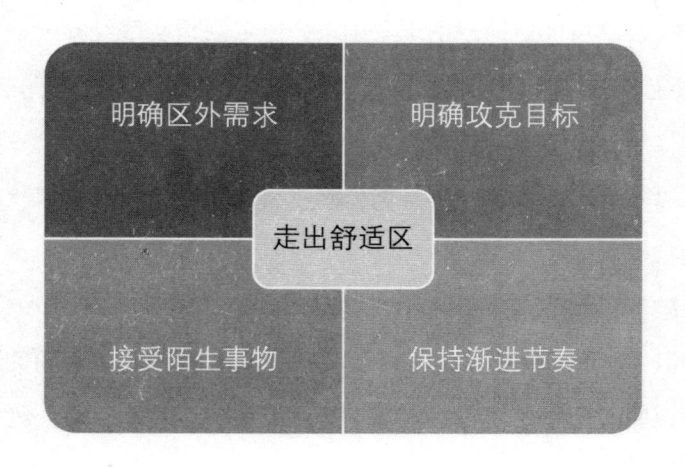

明确区外需求	明确攻克目标
接受陌生事物	保持渐进节奏

中心：走出舒适区

目标：明确你在舒适区之外要获得什么。

趋利避害是人的本性，但不能盲目地把这种本性简单归纳为"功利"。要想从容地走出舒适区，我们就应该学会趋利避害，提升目标的成功率，降低失败率，盲目地把"失败是成功之母"当作信条是愚蠢的，毕竟有些试错成本是普通人无法承受的。所以我们在走出舒适区之前要问问自己：究竟要去舒适圈外寻找、获得什么？对此，可以罗列出一份尽可能详细的清单：新领域的知识、新业务的经验、新的人脉资源、新的行业视野等等，如果你完全列不出来或者列出后不能说服自己，那就先不要急着走出舒适区，因为没有目标的旅途必然迷失方向。

对抗：明确你在走出舒适区之外要攻克什么。

走出舒适区意味着要面对新事物，那么你能否克服这些障碍就成为故事结局的关键条件了。为此，你同样需要列出一份清单，把自己可能遭遇的困难写出来，比如缺乏实践经验、缺少投入资金、缺少智囊支持等；然后思考自己能否缩小清单的项目，比如你想到身边有人能为你提供建议，再比如你能筹措到一笔偿还压力不大的资金等，这样你就能尽量降低在学习区的风险，提高成功概率。

破冰：尝试习惯陌生的事物。

其实，舒适区并不是一个固定的范畴，当你熟悉了新的区域之后，曾经陌生的事物对你来说也会变得具有可掌控性。为了完成这个目标，就要以包容平和的心态接受新事物和陌生人，不能带着成见和有色眼镜，比如在接触新行业之后，不要着急用旧有的知识和经验去进行信息加工，也不要盲目地对不熟悉的人下定论，先试着了解再试着接受，你的不舒适感就会越来越弱了，从而产生"脱敏效应"[①]。

节奏：保持循序渐进。

走出舒适区需要一个过程，不要刚迈出一步碰上石头就退缩了，不适感是必然出现的，挫败也是在所难免的，你要做好打持久战的准备，坚定了信念才能逐步克服心中的恐惧，不要轻易给自己找各种逃避的借口，尽可能和具有冒险精神和开拓精神的人结伴而行，这样才能不断激励自己避免半途而废，最终直达目的地。

如果我们想要过得精彩，就不能一直待在舒适区里，我们应该从安逸的舒适区中走出去，勇敢挑战，尝试探索新的事物。

所谓成功，不是在舒适区域中守株待兔，而是敢于在陌生地带勇于探索，正因为这种不断超越自我的尝试，才是走向成功的必由之路，虽然挑战会带给我们挫败感，但是也会拓宽我们的视野、提升我们的能力，勇往直前还是故步自封，这将决定你未来的人生是绚丽多姿还是黯淡无光。

[①] 脱敏效应指的是当一个人反反复复被同样的事或者同性质的事刺激时，心理阈值会升高，也就是说他的敏感程度会降低，不再像之前那么敏感。

2. 提升效率最好的方法,绝不是靠"挤时间"

在电影《让子弹飞》中有一句经典的台词:站着把钱赚了。意思是带有尊严地去赚钱。这句话的进阶版则是"躺着把钱赚了"。这句话听起来有些不劳而获的意思,其实反映的是一种以最小的付出获得最多的收益的经济学思维。

意大利著名经济学家维佛列多·巴瑞多曾经提出:在意大利,80%的财富为20%的人所拥有,这就是我们熟知的"二八定律",指的是在某个行业或者某个企业中,能够创造价值的往往是20%的精英。如果把这个定律具象到商业思维中也能得出另一条结论:我们只要找准20%的资源发力,就能创造远超出这个比值的成果。

下面,我们就来分析一下如何以少胜多地"躺着"赚钱。

一方面,信奉"稳定优于创新"的法则。

可能有人对此不解,不是"创新是第一生产力"吗,为何要把稳定放在创新之前?注意,我们这里强调的不是不创新,而是不进行盲目的、冲动的创新。创新是要以稳定作为先决条件的，否则就可能在重要环节犯下致命错误，让自己陷入"忙于救火"的操劳状态中。

华为的管理创新原则是模仿式创新——坚持"先僵化，后优化，再固化"的原则。这充分说明了华为对稳定的重视。无独有偶，海尔管理创新的三原则也有异曲同工之处：一是企业创新的目标是创造有价值的订单，二是企业创新的本质是创造性地破坏，三是企业创新的途径是创造性地借鉴和模仿。

从这些大厂的创新管理策略可知，不盲目创新，巩固既有优势，减少节外生枝的概率，这样就能以最小的代价获得最大的收益。对于打工人来说也是如此，你在自己熟悉的业务中，可以根据市场的变化做出相应的调整，比如获客手段从线下转移到线上，利用人工智能辅助办公等，这些都能让你减少投入的成本。但如果你只是为了创新而创新，设计开发了未经市场验证的客户服务方案，那就很可能给公司带来不必要的成本支出，也给你的职场发展带来大麻烦。

很多行业都喜欢一句调侃的话："科技以换壳为本。"听上去好像是一种不思进取的商场厚黑学[1]，其实也折射出某种商业智慧，正如在手机行业，苹果手机不断创新达到热销，但并没有什

---

[1] 厚黑学是指通过各种手段实现自己目标的一种哲学思想，以达到目的为最终目标，采取不择手段、无视道德和伦理的行事方式。在商业领域，厚黑学则成了一种行为准则和商业策略。

么创新含量的老人机也在市场占有一席之地。手机市场的体量在2025年将达到3亿，作为市场的占有者之一老人机并没有多少创新元素，但牢牢抓住了市场的稳定因素就能在市场中分一杯羹。

另一方面，树立"减少务虚多务实"的意识。

这里并不是说务虚没有意义，而是不应该喧宾夺主，将务实放在第二位，尤其是那种惺惺作态的"精致务虚"[①]。无论是企业发展还是职场奋斗，起步阶段必然是不容易的，可一旦度过了这个困难时期，就具备了站稳脚跟的基础。在职场上，新人要学习和适应的东西有很多，这时候不要盲目地给自己灌输心灵鸡汤，应该多学多看前辈是如何完成同类工作的，积攒经验，必要时可以偷艺，学习走捷径的技巧，这样你就能快速成长，只要坚持学习不断积攒经验，你就会对某领域有一个清晰的认知、拥有丰富的经验，甚至还可能成为该领域的佼佼者。

有了经验和资历，你在完成一个项目时就会更加得心应手，懂得合作分工，规划项目工作，细分任务，更加出色地完成自己负责的工作部分，在项目推进的过程中凸显自己付出的心血与汗水，项目结算时你就能拿到属于自己实际价值的功劳，而贯穿这一切的就是务实精神：少谈企业文化、少谈同事情谊、少谈未来

---

① 精致务虚指的是通过"绣花功夫"对形式主义进行的精心"美颜"，不讲实际内容和实际效果。

期许。

一个人在职场上的核心价值，也不完全取决于实际能力，还要借助一定的自我营销技能，否则你的功劳就可能被其他人瓜分掉。逆向思维会让你对成功有一个超出常识的认识，即弱化对努力、坚持、创新等关键词的神化，这并不是否定它们的重要性，而是要学会反向思考：一个在某领域成功的人，是因为用120%的努力战胜了对手吗？

答案不是绝对的。

在很多领域，实际投入的努力并不需要100%。打个比方，当你成为一个销售顾问的时候，如果愿意拿出80%的时间和精力去向前辈学习和请教，或者拿出80%的时间和精力进行一次专业培训，那么当你真正进行销售的时候，只需要拿出20%的时间和精力就能超过同等级的新人，这时在其他人眼中你就是一个"躺着赚钱"的人。同样，在攻坚客户的时候，你也不需要拿出100%的时间和精力去说服对方，而是可以拿出80%的时间去调查客户的个人情况，如家庭、爱好、性格等，这样在说服对方的时候只需要花费20%的时间和精力就可能成功。

成功并不一定非要卧薪尝胆地死拼出来不可，提升效率最好的方法，也绝不是靠"挤时间"。你也可以轻松快乐地去做，前提是这件事是你的兴趣所在并经过了认真的谋划。当然也不是让你减少工作时间就行了，而是减少不必要的成本投入，真正地用

思维认知达到更高的效率。毕竟作为普通人,我们的时间和精力都十分有限,也不可能无条件地承受多次失败,所以稳定和务实才是提高胜算的关键,所谓"躺着"也并不是行为上的懒惰放任,而是一种心态上的通透和清醒。

3. 为什么你不在华尔街，因为缺少"个人品牌力"

美国管理学者彼得斯说过一句广为人知的名言："21世纪的工作生存法则就是建立个人品牌。"

奥普拉·温弗瑞曾经在电视台遭遇了一系列挫折，她被别人认为不适合主持工作，然而这种来自外界的打击并没有摧垮她的自信心，她依靠坚持不懈的努力，不断挖掘自身潜力，成功打造了个人IP，最终创建了属于她自己的著名脱口秀节目——《奥普拉秀》，成为世界上最有影响力的女性之一。

如今是自媒体时代，无论你是打工人还是创业者，无论你身在哪个行业，你都应该重视和打造自己的个人品牌。在职场中，一个拥有成功个人品牌的人能够迅速在职场上脱颖而出，获得更多的机会和发展空间。这个品牌力不是空泛的概念，而是一个具体的IP，比如"营销高手""技术大拿""公关王者"等。当团队需要你出手的时候，他们首先想起的不是你的名字，而是代表着你核心价值的IP，就像人们看到漫威电影就会想到钢铁侠，谈到饮料会想到百事可乐一样。

塑造个人品牌力需要勇气和决心，不过它也是一次解放自我、追求自我的重要旅程。当我们能够接纳一个真实的自己、接纳曾经的失败并敢于迎接未来的挑战时，我们就有机会由此塑造出强大的个人品牌，至于具体方法，我们可以通过逆向思维来寻找答案。

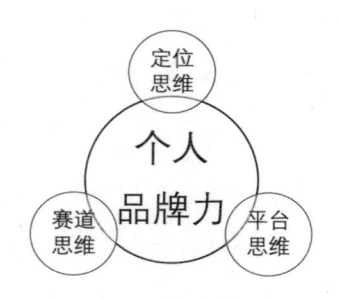

个人品牌力由定位思维、赛道思维、平台思维三部分构成。

定位思维：不是你会变成哪种人，而是你应该成为哪种人。

虽然有"江山易改，本性难移"的古训，但这并不能否定人的可塑性，何况我们强调的个人品牌并不是让你脱胎换骨，而是一个呈现给大众的清晰形象，这个形象不应该是随心所欲、顺其自然形成的，而应该是通过逆向思考的定位思维，你应该成为什么样的人。

由艾·里斯和杰克·特劳特合著的《定位》一书中，对"定位"进行了深刻的剖析：从广义层面来看包括人生定位、职场定位、职能定位等诸多方面，这些都决定了你能走多远、站多高，因为人们普遍认为定位理论是品牌管理的"第一性原理"。

如何定位不能一概而论，这要从你所属的行业特点出发。比如，你是做 C 端用户的，对接的都是个人用户，那么就应该把自己打造成具有意见领袖特质的角色，能够在用户提出问题后以"大神"的身份给予答案，同理，如果你面对的是 B 端用户，那就要打造出一个团队领袖或者团队骨干的形象，让企业用户一看到你就会想到站在你背后有多少技术能人和营销高手，有了这个清晰的定位，客户才会对你产生足够的信赖感。当然，定位思维也不能完全脱离实际，比如你的沟通能力确实不强，那就不能把自己定位成"调节高手"，而是不妨定位成"端水大师"，做到谨言慎行，不轻易得罪人，不说错话，这样既不会超出你的能力上限，也没有超出你预期的定位范围。

一位学体育的女孩准备出国留学，临行前她和朋友聚会，不知道如何在异国他乡打造个人品牌，有朋友说："既然你是专修体育的博士，本身就是很好的信任背书，那么以这个专业作为基础，选择个人品牌范围其实就很广了，比如臃肿的身材能够通过科学的锻炼来改变吗？"女孩表示非常简单，朋友则说："你看，这个对你来说很简单，但是对我们普通人来说非常难，这就是你在营养学和健身方面积累的知识和经验，是打造个人品牌力的基石。"这位朋友给女孩的建议，就切合了定位思维——你是体育领域的专家，就应该专注健身、营养、运动等发挥自身特长的领域。

赛道思维：不是你想去哪条赛道，而是哪条赛道值得你去。

作家路遥曾说："人生的道路虽然漫长，但紧要处常常只有几步。"选对方向，命运就可能出现逆风翻盘的转机，这就是所谓的赛道思维。日本软银投资的孙正义就是"赛道思维"的信徒，他瞄准了互联网电商赛道，成功让软银成了阿里巴巴的第一大股东。

世界上有激烈的赛道，也有和平的赛道，我们每个人都处于不同的赛道，但它未必是正确的选择，它可能是我们一念之间的决定，也可能是被认证的舒适区。但这些不是我们坚守下去的理由，我们应该瞄准那些机会更多同时竞争也更大的赛道，因为只有这些赛道才可能代表着未来市场的发展方向，投身于这些赛道也能更好地挖掘我们自身的潜力。

一个做了多年人寿保险的销售，专业知识扎实且具有极强的亲和力，但是她在业余时间没有继续挖客户抢业绩，而是从事保险、理财方面的科普工作。这是因为她所在的人寿保险领域十分内卷，业余时间拼尽全力也抢不到几个客户。相反的是，很多大众对保险、理财存在一些误解，认为是骗钱的，而她就从这个误区作为切入点进行科普宣传，既避开了内卷的赛道，也凭借出众的亲和力很快脱颖而出，积累了个人的声望，最终反哺了她的销售主业，通过找对标、切细分、避红海、拼积累的一系列过程中建立核心竞争优势。

平台思维：不是你能进哪个平台，而是哪个平台对你更重要。

由杰奥夫雷、马歇尔等人合著的《平台革命》一书中，对平台的首要目标是这样定义的："匹配用户，通过商品、服务或社会货币的交换为所有参与者创造价值。"自然，提供这种价值的场所就是平台，而依托该平台运作的思维模式就是我们需要的"平台思维"。

个人品牌的塑造单靠一己之力是很难完成的，需要借助平台的力量。这个平台可以是代表行业头牌的某个企业，也可以是某个普通企业中的明星部门，抑或是企业之外的直播平台、社交平台等。总之，它们的类型并不重要，排名和资源才是最重要的。

为什么有些毕业生愿意去大厂拿着不高的工资做实习生呢？就是因为平台带给他们的附加价值很多，比如信息、视野、人脉、企业文化等。而这些经历和资源就是他们敲开另一家企业的敲门砖，也是个人品牌力塑造的开始。所以，我们要避免那种"一切向钱看"的思维，不能单纯以收入的多少来衡量工作的价值，因为市场在变，你所属的行业和企业都有陷入困境的可能，但是你的个人品牌力是不会轻易贬值的。

对于职场新人来说,有机会去大厂锻炼就是在为自己"镀金",而如果竞争实在激烈缺乏机会,那也可以退而求其次选择二线或者三线中的头牌,总之,你要考虑的是所在的平台能否为你做能力、声望、经验等方面背书,哪怕只占其中一条,都能提升你的 IP 价值。

一位女实习律师,下班后的爱好是做早餐,然后拍成美图分享,有人认为这种行为不利于打造个人品牌力,不如做法律知识科普。然而这位女律师分享的早餐美图在小红书上深受欢迎,已经形成了有价值的信息输出,相反,作为实习生律师去做科普则不会有这么高的关注度,因为这不符合小红书这个平台的风格,她只能去抖音、快手这类的短视频平台,由此带来的流量损失是难以估算的,这就是采用平台思维做出的正确选择。

管理学家华德士说:"个人品牌就是个人在工作或人际交往中显示出的个人价值,就像企业品牌、产品品牌一样拥有知名度、信誉度和忠诚度。"由此可见,个人品牌力的塑造是多方位的,既要从本职工作出发,也可以从相关领域出发,甚至从个人生活出发,这样可以打造丰富的、立体的人设,这个过程虽然可能有些漫长,然而一旦初步形成就会加快个人 IP 的升值速度,确保你在激烈的竞争中立于不败之地。

4. 失败源于盲区：经验主义如何套路了你

"我走过的桥比你走过的路都多，我吃的盐比你吃的米都多。"相信这是很多老人或者前辈对年轻人最常说的话，虽然听上去有一定道理，但这种思维终究是犯了经验主义的错误。

何谓经验主义？就是人们在解决问题时，习惯从狭隘的个人经验出发，采用孤立、静止、片面的观点，把局部经验误认为是普遍真理，到处生搬硬套，不能具体问题具体分析。当然，经验主义并不是老人、前辈们的专属，很多年轻人在自认为掌握了某方面的技巧或者熟悉了某些事物之后，也会犯经验主义的错误。《伊索寓言》中有这样一个故事：

一头驴驮着两大包盐过河，由于盐太重，这头驴被压得喘不过气来，此时它又来到另一条河，过河时不小心倒在水中，挣扎了几下后没能站起来。它就索性躺在水中休息起来，结果背上的盐变得越来越轻，最后它轻松地站起来。驴认为自己获得了宝贵的经验，下一次它驮着两大包棉花过河时，就特意倒下去，心想棉花也会像上次那样变轻了，然而结果是这头驴再也没有站起来。

每个人或多或少都是经验主义者，主要是由两个原因造成的：一方面，我们获得知识最基本的手段是实践，而经验就是在实践中总结出来的，我们不会否定它的实际价值，反而会把它当成指导下一次实践的金科玉律，这就形成了"经验至上"的基本逻辑；另一方面，我们习惯于路径依赖，这源于我们的懒惰，当我们从实践中获得了一条尚未验证普适性的经验之后，就会习惯性地用它来指导实践，毕竟每一次实践是需要冒着风险的，有现成的经验自然不能浪费。

美国圣地亚哥的克特立旅馆由于电梯太小，旅馆方面决定扩建，为此找了很多工程师设计扩建方案。原本的方案是从地下室到顶楼，一路挖一个大洞，便能建造一个新电梯了。然而这个方案费时费力，结果旅馆管理员和工程师的谈话被一个清洁工听到了，清洁工认为这个方案会把旅馆弄得又脏又乱，卫生很难清理，而且会影响旅馆的正常营业。工程师问清洁工是否有什么好意见，清洁工建议在旅馆的外面修建电梯。于是，克特立旅馆成了现在广为采用的室外电梯的发源地。

在这个故事里，设计师虽然拥有专业技能和从业经验，但他的经验未必都是正确的，比如"电梯一定要在建筑内部修建"，而正是这个并非绝对正确的经验束缚了工程师，看问题反而不如毫无相关经验的清洁工通透。从这个案例可以看出，经验越丰富，往往也意味着固化思维越严重，而要克服这种不利思维，就要开启逆向思考的方式。

如果你是这个改造旅馆的工程师，先不要顺向思考"如何在旅馆内部便捷地修建电梯"，而是应该逆向思考"既然旅馆最终需要的只是增加一部电梯，那它修建在内部还是外部就并不重要了"。当逆向思维被开启时，我们就能成功摆脱经验主义的束缚了。

当然，打破经验主义还是要讲究一定的思维方法的。

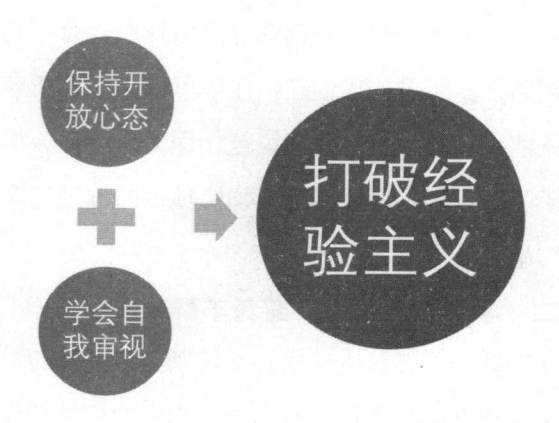

保持开放心态 + 学会自我审视 → 打破经验主义

方法一：保持开放心态，向他人学习。

开放心态是一种包容心态，也可以理解为我们所说的"豁达"，即平和、平等、平静地接受新鲜事物，不用固化思维去看待问题。美国宾夕法尼亚大学的研究团队认为，开放的心态能够促使人们积极地寻找和自己偏爱的信仰、计划或目标相抵触的证据，同时在有证据的情况下公平地权衡这些证据。在旅馆安装电梯的案例中，工程师虽然起初犯了经验主义的错误，但是最后还是愿意倾听清洁工的想法并最终采纳，这就是开放心态下接受他人的想法来颠覆自己的既有认知。这样的思维方式更容易让人提升认知水平，增强解决问题的能力。

在职场上，我们不要以为自己资历老或者具备专业技能，就看不起资历浅、非专业的人士，因为他们的立场和我们不同，视角也会不同，可能无心的一句话就能点拨我们，让我们从固化思维中找到新路径。所以，我们在工作中可以尝试将新老员工搭配在一起，既能让老员工带头发挥模范作用，也能让新员工贡献新点子，盘活团队思维，很可能就会加快项目的推进速度甚至促使公司业务转型。

方法二：学会自我审视，避免羊群效应。

在一个团队中，经验主义往往是可以"传染"的，正如羊群效应一样，个体会根据集体的行为做出相应的模仿动作，最终让错误的经验大范围传播。要避免这种情况的发生，我们就要学会自我审视。

职场上的打工人也有类似情况,看到哪个行业如日中天就急于跳槽,却没有考虑学习成本和机会成本,导致自己入局时风口消失、赛道变窄。切记,逆向思维最大的价值,是帮你找到自己的核心优势,即差异化。比如在美国西部淘金热时期,真正靠淘金赚钱的人并不多,反而是那些卖牛仔衣服的、卖水的、卖蚊帐的赚得盆满钵满,这就是通过逆向思考避免了羊群效应,摆脱了"伪经验主义"。

在埃米尼亚·伊贝拉所著的《能力陷阱》这本书中提到了一种人:他们因为喜欢做自己擅长的事而一直做下去,结果在做的过程中逐渐产生自负心理,认为自己已是行业头牌,却不关注外界的变化,当市场风向发生变化时就失去了应对能力。

从本质上看,这些人掉进的并不是能力的陷阱而是"经验的陷阱"。

我们常说"贫穷限制了自己的想象力",其实真正限制我们想象力的往往是经验,毕竟贫穷的状态有机会去改变,可一旦陷入了经验主义,无论什么状态都会对经验产生依赖,虽然固有的认知一定程度上能帮助我们成长,但如果我们想要保持健康的成长状态,固有的认知总要被打破,这样我们才能因为获得真正的提升而完成自我更新。

5. 风口不是靠吹，是靠成长势能来推

雷军曾经有句名言："站在风口上，猪都能飞起来。"你没有站在风口上，所以就失去了获得流量、资金、声望的机会，因此才没有实现逆袭的人生。然而你是否想过一个问题：风口不是随便就能站上去的。解答这个问题不能用顺向思维去思考：因为我没有站在风口上，所以失去了起飞的条件。相反，我们应该用逆向思维去思考：因为我不具备起飞的条件，所以我即便站在风口上也飞不起来。

"Snapchat"是由斯坦福大学的两位学生开发的一款"阅后即焚"照片分享应用，当你给朋友发照片时，对方看完几秒钟以后就会自动删除，而且看照片时必须用手指按着照片以防止截屏。就是这样一个看似简单的功能，让创始人有了上百亿的身家。但是，"Snapchat"真的是站在风口上意外火爆起来的吗？当然不是，因为对照片"阅后即焚"的需求

早就有了,比如占"Snapchat"70%左右的女性用户,她们喜欢自拍又担心上传后被人反复观看、评头论足,而"Snapchat"解决了她们的痛点。

如果没有创始人对用户需求的洞悉,就不会有"Snapchat"的风口,所以真正推动它起飞的还是人的认知能力,而这一切都需要成长势能去推动。

罗曼·罗兰曾说:"人们常以为准备阶段是在浪费时间,只有机会真正来临,而自己没有能力把握的时候,才知道自己平时没有准备才是在浪费时间。" 事实上,只有当你具备了一定的先决条件才有资格去吃风口的红利,这个先决条件就是你的成长势能要达标。

所谓势能,其本质是自身由内而外生发出来的力量,不仅能强大自己,还可以赋能他人。成长势能,则是专门描述成长时散发出的力量,它决定了我们的成长方向、速度和健康程度。由于成长势能是一个内容广泛的定义,我们就以职场作为描述背景,看看打工人怎样才能积累成长势能。

```
        ┌──────┐
        │ 增加 │
        │ 资源 │
        └──────┘
            │
        ┌──────┐
        │ 加快 │
        │ 成长 │
        └──────┘
       ╱        ╲
  ┌──────┐   ┌──────┐
  │ 拓宽 │   │ 提升 │
  │ 视野 │   │ 能力 │
  └──────┘   └──────┘
```

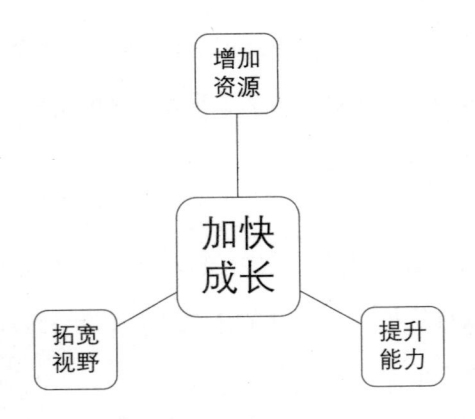

第一，增加资源，加快成长速度。

成长的秘密是资源匹配策略。资源是一个人在职场上的基本支撑，它包含着先天资源，比如形象好、家庭背景强、人脉丰富等；也包括后天资源，比如通过努力赢得了领导和同事的信任、成功获取了大量客户资源以及不断积累专业技能等。心理学大师萨提亚认为，每个人都具备积极成长和发展所需的一切资源，每个人都有能力应对和解决困境。有的人之所以觉得自己资源少甚至没资源，其实是还没有发现自身潜在的资源。

打个比方，你的先天资源是形象好，在沟通和公关时占据优势，但后天资源稍差，没有积累丰富的行业经验，那么你就要避免参与需要大量经验指导的高难度工作，而是先通过个人魅力打好基础，而个人魅力是可以依靠你的道德修养、待人接物等特质来打造的，它们可以通过后天培养。从这个角度分析，如果你后天资源出众，比如因为个人魅力赢得了领导和同事的信任，但是缺少人脉基础，那么就要依靠团队的力量去拓展客户资源而非单枪匹马地独来独往，这样就能扬长避短，提高成功率。

需要注意的是，某些资源存在着保质期，比如你的个人形象可能随着时间的推移而贬值，比如你的年龄红利也会逐渐消失，这些都是不可再生的，那么在它们随着时间流逝时，就要积累能力、经验、人脉这些相对稳定的资源。

第二，拓宽视野，锁定成长方向。

著名投资家、股神巴菲特背后的男人查理·芒格，在他撰写的《穷查理宝典》中这样写道："倘若你只是用商业的眼光来做投资或者创业，那么你的视野就太狭窄了，同理，倘若你只在一个学科里做事情的话，你的视野也一样难以拓宽。"简单地说，个人视野的宽度决定了看世界的局限性，从而影响了你的成长方向，所以才有了商界被广泛认同的一句话："创始人的认知边界，是一个企业真正的瓶颈。"

打工人也是如此，如果你只能看到行业内一年之内的变化，那你很难对未来进行清晰的计划，一旦风口到来时你会因为准备不足而落败。为此，我们要学会拓宽视野，可以从两方面来提升：一是扩大学习范围，多掌握岗位之外的知识。营销人员也可以懂一点技术，这样在获取客户的时候更有说服力；技术人员也可以懂一些市场理论，这样在设计产品时可以针对客户需求进行创新。二是习惯从不同角度去看待问题，不同的思维方式能让你的视野变得更开阔。比如一次线下活动的失败，思考的角度可以跳出客户管理、团队执行力，转移到消费者需求、社群运营等角度，这样你就能摆脱就事论事的思维限制。

第三，提升能力，确保成长健康度。

我们都知道能力应该不断提升，但每个人的能力都有上下限，决定它边界的就是视野和资源。要想让能力健康成长，我们要以清晰的视野选择适合自己且有发展前途的行业和岗位，这样我们才能获得充分锻炼、挖掘潜能的机会。同时，为了确保能力得到外界的助力，我们要多利用人脉资源，获取丰富的信息，获得前辈的指导，这样才能确保我们突破能力的上限，找到属于自己的主航道。

打个比方，你供职的企业，老板是否知人善任、同事是否喜欢拆台内讧，这些都决定了你的成长环境是否良好，当成长环境恶劣时，即便该企业的薪资高于行业平均水平，那也不能成为你长期留任的理由，因为你的成长势能注定要被压制。

综上所述，成长势能就是个体崛起与能力变现。

美国艺术家安迪·沃霍尔认为互联网降低了人们成名的门槛："未来，每个人都有可能在15分钟内出名。"这并不是一句鸡汤励志之词，只要我们愿意主动求变，愿意接受成长带来的新变化，时刻想着提升自己的思维力和行动力，那就能有效地提升自身的竞争力，那个15分钟就会来得越早。

成长和提升，其实就是一个不断颠覆已有经验、不断颠覆固有认知并不断重建思维体系的过程，也只有经历这个漫长痛苦的过程，我们才能适应人生道路上的各种变化，在时代的洪流中保持岿然不动的状态，见证适者生存的法则。**改变不是为了取悦别人，改变是为了遇见更好的自己。**

6. 人设定律：让成功来得更潇洒

如今谈到某个明星，人们马上就会联想起一个词——人设。事实上，不仅是明星，诸如企业家、运动员、学者等社会名流也都会立人设，甚至我们身边的普通人也会通过风格固定的朋友圈来架构一种人设。

那么，为什么我们越来越热衷于立人设？从经济学的角度看，人设是迎合市场的需求，无论是演艺圈还是其他行业，立人设都能够满足受众的某种需求，而需求就意味着价值。当然，很多人立的人设与本色无关，以至于出现人设崩塌的翻车事件。当然，立人设本身没有问题，甚至立假人设也不能一概否定，因为这和你的出发点有关，可以是迷惑他人为自己谋取利益，也可以是鼓励自己提振信心，如果是后者，那就存在着一定的积极意义。

从心理学角度看，立人设关联三个心理学概念。

自我图式。

图式是指人脑中已有的知识经验的网络。自我图式指的是个体在过去的经验基础上，形成对自我的概括性认识，同时受自我图式的影响，个体记住的往往是对他有意义或者是以前知道的东西的延伸。

自我图式解释了"我是谁""我的价值所在"等一系列问题。立人设就是强化自我图式，将因果颠倒，先给出一个结论——我是什么样的人，然后以该标准来要求自己。在人设的驱动下，我们会通过持续的自我参照，将那些不符合人设的行为剔除掉，从而提高我们的自我效能感。

自我效能。

自我效能是指人对自己是否能够成功地进行某一成就行为的主观判断，它与自我能力感是同义的。一般来说，成功经验会增强自我效能，反复的失败会降低自我效能。比如，一个人经常对自己说"我是一个好员工""我工作能力不差"，那么长期处于这种认知之中，个体的行为也会变得越来越积极主动，因为潜意识承认了自己是一个好员工，在工作时会不由自主地更加卖力，犯了错误愧疚感也会更强，遇到难题也能提升自信心，因为你相信自己能够做到；反之则会变得消极被动。

英国作家罗琳的《哈利·波特与魔法石》曾经遭到12家出版社的拒绝，没人认为这是一本能够轰动世界的名著，然而罗琳坚信自己的书蕴藏的人文价值和商业潜力，最终被一家小型出版社接受，如果罗琳缺乏自我效能感，那么她早就在严重的挫败感中消沉了。

能否建立自我效能,将决定着在你身上的"标签效应"是何种结果。

标签效应。

当一个人被一种名称贴上标签时,他就会做出自我印象管理,使自己的行为与所贴的标签内容相一致。这种现象是被贴上标签后引起的,故称为"标签效应"。

第二次世界大战期间,美国心理学家在招募的一批行为不良、纪律散漫的新兵中进行了一场实验:让士兵每月给家人写一封说自己在前线如何遵守纪律、如何上阵杀敌并立功的信件,听上去像是在蒙骗家人,然而半年后这些士兵发生了很大的变化,他们真的像信中所写那样去努力了。这就是典型的标签效应。

自我图式让我们建立一个积极的人设,在这个积极的人设驱动下,我们会提高自我效能,最终发挥标签效应的正向作用。如果你仔细回味一下,这是非常典型的逆向思维:我先不考虑如何成为符合人设的人,而是通过立好的人设去激励、引导、约束自我,这样反而成功率会更高。

从心理学的角度看,认知决定行为并不是唯心主义,而是一种理论指导实践的行为,它通过积极的心理暗示影响我们的思维,帮助我们成为理想中的人。当然,立人设也存在一定的风险,那就是可能掉入人设陷阱。

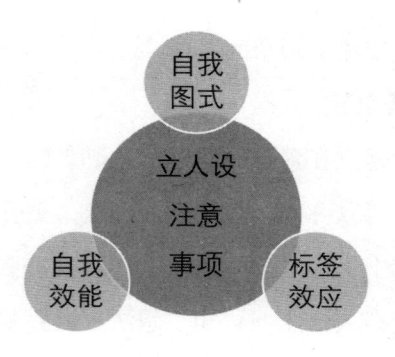

```
       自我
       图式
         立人设
          注意
  自我    事项    标签
  效能            效应
```

生活中我们常见到一种人，明明能力普通却自命不凡，有强烈被他人崇拜的欲望，这便是典型的自恋型人格，他们也是先给自己立了一个人设然后便沉溺其中。之所以会产生反作用，可能是立的这个人设严重违背客观现实，比如相貌平平却认定自己倾国倾城，这是通过后天努力无法做到的，当然更常见的原因是，立了人设却不付诸实践，而是开始孤芳自赏起来，这种认知设定下催生的就是虚假的自我效能，自信变成了自负，自励变成了自吹。

避免掉进人设陷阱，就是不要过分追求优越感，而是努力做符合人设的行为，将人设当作成长的方向和目标，赋予自己实现目标的热情和动力，要认清人设只是一个框架，并非一个奖杯，想让这个框架变得有血有肉，就需要身体力行。**我们的思维可以是逆向的，但我们的行为要顺向，没有经历必要的过程，何谈理想的结果。**

确立人设时要注意两个问题。

第一，认清自我。

确立人设要建立在对自己的了解基础上的，你清楚自己的短板是什么，哪些可以弥补，哪些无法改变，更要明确自己想要什么，在这个基础上，你才会知道什么样的人设更符合你，才能清晰地构建一整套有关信念、认知、想法、世界观、价值观的人设内容。盲目树立人设却无法做到，反而会造成挫败感。

第二，关注细节。

人设一定要具体、细致，具有可操作性，不能是一个空泛的概念，比如"好人"就很难把握，不如设定成为"有公益心、能见义勇为"的人，这样才能在实践中指导自己。同理，一个"优秀的人"也比较笼统，不如设定为"一个拼搏的职场人"，这样当你面对难缠的客户时，当你面对成堆的计划书和头疼的KPI时，你就会用"拼搏"来给自己加油，增强韧性以应对困难，这样才能起到助推的作用，让人设和你的自我图式融为一体。

或许当今的世界已经人设泛滥了，但是只要你能认清它的积极意义，为自己立人设并无不妥，当我们经历过挫败和打击之后，自信心会逐渐减少甚至消退，但是一个积极的人设能帮助我们从困境中走出。当然我们不能迷信人设，**因为你终要走向的是自我的真实内心，而不是走向人设，只是它能不断地挖掘你的潜质罢了。**

第五章

适者生存，
创新思维帮你通过优胜劣汰

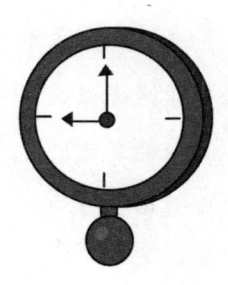

1. 创新路径：从培养好奇心到产生怀疑心

创新的路径是如何养成的呢？一个不能被忽视的前提就是怀疑。没错，只有当你对现有的事物或者规律产生怀疑时，当你对既有的法则或者权威产生动摇时，你才有机会发现创新点。

古希腊哲学家苏格拉底为一个生病的朋友代课，他拿着一个橘子走进教室。苏格拉底没有对橘子多做解释，而是直接讲课，讲到一半时他突然问："你们有没有闻到橘子的香味？"同学们窃窃私语，不知道老师要干什么。苏格拉底从前排开始一个个地提问，第一个学生表示自己闻到了橘子的味道，第二个学生犹豫了一下也表示闻到了，随后更多的学生也做出了同样的回答，最后有一个学生给出了截然不同的答案，他表示自己没有闻到橘子的香味，这个学生就是柏拉图。

大部分具有创新能力的人，都是敢于怀疑、善于怀疑的人，他们不仅在感官上比常人敏锐，在思维上也比常人更加活跃。值得注意的是，怀疑精神的起点正是以逆向思维提出问题：多数人认为的就是正确的吗？

不敢怀疑或者不善于进行怀疑，就会让我们以从众思维[①]看待事物，而当你的思维和大多数人趋同时，就很难进行创新思考了，因为只有被少部分人发现和引领的才可能是创新，正如国学大师曾仕强所坚持的观点：创新永远都是极少数人的事。那么，如何培养怀疑精神呢？我们可以从两个方面入手。一个是习惯性地进行活跃的思考，对认知事物充满强烈的渴求感；另一个就是对事物有着相对客观的认识，不能凭空产生怀疑，就像英国诗人乔叟所说："怀疑一切与信任一切是同样的错误，能得其乎中方为正道。"

丰富的知识和经验是创造性思维的基础。

具体的方法是，在日常生活和工作中不忘记持续地学习，只有大量的知识积累和实践，才能帮助你建立牢固的认知基础。如果是营销人员，不能仅仅接触了几次客户就对公司的客户管理政策提出异议，而是要多向老员工请教、多观察公司服务的客户群体特征，这样才能判断出客户管理策略的正确与否；如果是产品

[①] 从众思维指的是个人受到外界人群行为的影响后，自己在知觉、判断、认知上表现出符合公众舆论或者多数人的行为方式。

经理,不能在看了几件产品差评之后就怀疑产品设计思路有问题,而是应该在大量的客户反馈中寻找共性的、普遍的意见,进而做出合理判断。总之,积累知识和经验,进行理性的分析,进行盲目的自我判断,才有机会找到标准答案。

在建立了正确的怀疑观之后,寻找创新路径,可以从三个方面切入。

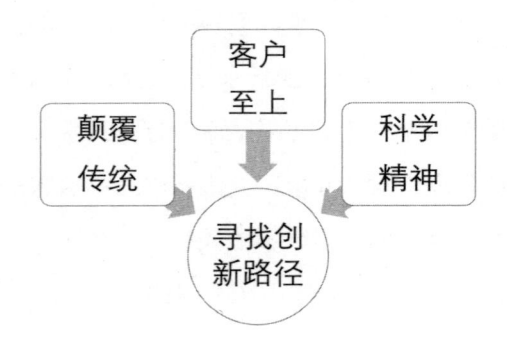

```
        客户
        至上
          ↓
颠覆    寻找创   科学
传统    新路径   精神
```

颠覆传统。

现在不管是企业还是个人,一旦陷入刻板印象的固化思维,就很难推陈出新。因为刻板印象会让我们对某个事物形成一种概括的、固定的看法,并把这种观点和看法推而广之,那么在工作中就会导致思维僵化、看问题片面、破局能力减弱等负面影响。

迪士尼在出名之前生活十分落魄,他失业后和妻子住在一间满是老鼠的破旧公寓里,后来还被房东赶出了公寓,走投无路的夫妻坐在公园的长椅上，突然一只小老鼠从迪士尼的行李包里钻出来，滑稽的面孔让夫妻感到很有意思，迪士尼忽然闪出一个念头，他认为世界上有很多人像他一样穷困潦倒，所以他要把小老鼠的面孔画成可爱的动画形象，让千千万万的人从小老鼠的形象中得到安慰和愉快。迪士尼马上付诸实践，最终米老鼠成了世界闻名的卡通动物形象。

迪士尼打破了人们对老鼠的固有负面态度，这是一种伟大的创新，让他捕捉到了被无数人错失的灵感。同理，职场上我们也需要进行这种尝试，而不是在既定的工作思维中亦步亦趋。因为，传统固化的思想是顺向思维的结果，它遵循着"大多数人都认为如此，你也该趋同"的逻辑，忽视了个体差异，忽视了变化发展，更忽视了独立思考的重要性，这些都是我们要克服的"思维顽疾"。

客户至上。

创新不是空泛的概念，而是有着明确的服务对象，对于职场中人来说，创新的主要服务目标是客户，所以你的创新路径终点应该落在客户需求方面。

福特汽车于1913年建立生产线以后，由于常年只生产一种车，缺少研发，所以到了1928年的时候，敢于推陈出新的通用汽车超过了福特，根本原因就是福特缺少创新。

工作中，我们想要开启创新之路，不用急于去找创新的点子，可以先抱着怀疑的态度去审视当下的产品或者服务策略是否真的能满足客户的实际需求，可以聚集团队进行分析，也可以直接询问客户的想法，在工作中建立"客户导向"的创新思维，这样你的怀疑就变得有理有据，以明确目标来引导，否则你的怀疑精神就变成了无根之木，成了"抬杠式创新"。

需要注意的是，客户至上并不是完全按照客户的想法，而是应该遵从普遍性和实用性，要从客户群体的整体特征和属性出发，避免因为个体的差异造成错误的判断，毕竟"客户导向"不是"客户决定"，客户的需求是一个重要参考，但并非唯一的决定因素。作为创新主体，依然要保持着独立思考的精神。

科学精神。

怀疑观的建立需要知识和经验的积累，同理，创新的路径也要遵循科学法则。鲁班想要提高伐木工具的效率，但他没有凭空想象，而是从被野草划伤的意外中受到了启发，发明了锯子，这是从物理结构上出发的创新。

2003年，一位名叫聂利的12岁小学生，通过对蜜蜂进行了一年多的观察和试验后撰写了一篇论文《蜜蜂并不是靠翅膀振动发声》，由此荣获当年第18届全国青少年科技创新大赛银奖和高士其科普专项奖。这个结论是聂利在观察失去翅膀后的蜜蜂仍然嗡嗡叫产生怀疑的,然后他用放大镜找到了蜜蜂的发声器官。

显然,聂利既有敢于质疑常识的勇气,也有找到正确答案的科学精神。工作中也是如此,我们可以质疑推广方案的合理性,也可以质疑营销策略的实用性,但我们必须从市场规律、客户心理、舆论导向等客观条件出发,验证其不合理之处,这样才能找到正确的解决方案。

法国作家巴尔扎克曾说:"问号是开启任何一门科学的钥匙。" 事实的确如此,很多重大科学发现的过程本身并不曲折,**关键在于发现者是否具备了怀疑和否定的勇气**。既然我们想要开拓出一条不被常人发现的创新路径,那就必然具备踏上征程的勇气、毅力和决心,这样才有机会在终点摘取创新的果实。

2. 内卷时代，借别人试错寻找新视角

"小罐茶"的创始人杜国楹，他的前半程创业几乎都在试错，他原本没有任何茶业经验，开始是想做有机茶，结果在寻找符合标准的有机茶道路上耗费了近一年时间，甚至把所有产区做有机茶公司的茶样都拿来进行检测，最终发现总是有不符合标准的。经过这段时间的摸索和走访，杜国楹才发现在中国做有机茶的难度太大，当他意外了解到茶叶也有非遗制茶技艺传承人之后，才走上了制作"大师茶"的新赛道。可即便有了这样的意外启发，在茶叶的包装上也经历了一番试错：从创意到工艺，从袋子到罐子，经过几番周折之后才有了今天"小罐茶"的样式。

如果杜国楹没有坚定的创业信念，没有创新地发现茶叶的新赛道，那么他很可能在支付高昂的试错成本之后依然没有找到明确的方向。换作普通人，创业之旅很可能就这样以失败告终了。

那么，试错真的是风险巨大且避无可避吗？

《极简工作法则》的作者理查德·泰普勒认为："聪明的人会从自己的错误中学习，而智慧的人会从他人的错误中学习。"

"物竞天择，适者生存"是永恒不变的真理，不论是你主动内卷还是被动内卷，都无法回避日趋激烈的市场竞争和人才竞争。在不想纯粹地躺平之前，我们就不能成为那个被打倒的人。

想要在竞争中立于不败之地，就要找到正确的创新之路，然而探索创新的路径本身就是十分危险的，它可能让我们付出难以承受的试错成本，因此最理想的方案，就是让别人"帮助"我们试错，通过他人获得的间接经验让自己少走弯路。

从顺向思维的角度看：我自己获取经验来指导实践。这个逻辑的重点是"获得经验"，所以我们不妨逆向思考：指导实践的经验一定要是自己去实践得来的经验吗？答案，显然是否定的，只要我们进行正确的筛选，避免出现小马过河式的错误，那就可以利用别人的试错来提高自己的成功率，具体方法如下：

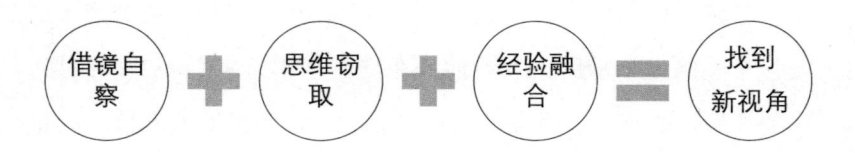

借镜自察 ＋ 思维窃取 ＋ 经验融合 ＝ 找到新视角

创新入门：成为一个观察者。

最简单也是最直观的借鉴经验的方法，就是从镜像中的自我来获取。

纽约有一栋摩天大楼的老板,每个月都为昂贵的电梯修理费苦恼,因为楼很高,电梯往往要等待很久才到,乘客常常因为等得不耐烦而连续按钮,导致按钮损坏很快。老板在电梯旁贴了很多告示,都没有效,最后向外界求助解决方案,最后一位心理学家提议在电梯门上装一片大镜子,这样乘客在镜中看到自己急不可待的样子,就会意识到自己失态,于是会变得端庄有力,不再猴急地狂按按钮。

在职场上,我们难免犯一些错误,特别是刚进入社会的新人,那么我们不妨在公司中寻找和我们年龄相仿的同事,看看他们是如何进行产品或者服务等方面的创新的。如果他们的这些行为得到了正反馈,我们也可以依葫芦画瓢,用相似的模式去探索创新路径就大概率能避免犯错。当然,如果他们的行为得到的是负反馈,那我们就要避免踩雷,分析他们的创新为何失败,是因为资历不够带来的认知过于片面,还是因为地位不高自带的信息差?当然,如果你的公司里没有同龄人,也可以从身边的亲人朋友甚至网络发帖求助,看看他们在提出创新方案后的实操结果,只要你锁定的年龄、行业、岗位越相似,你所借鉴的间接经验也就越匹配。

借镜自察是创新的保底策略,正如《淮由子·主术训》中所说:"夫据干而窥井底,虽达视犹不能见其睛;借明于鉴以照之,则寸分可得而察也。"我们只有选择了对照组,才能在众多的创新路径中找到最适合自己的那条。

创新捷径:思维窃取。

借镜自察虽然简单易用,但它的局限性也很大,因为它锁定的是镜像自我而非成功案例,很多时候只能帮我们减少试错,但未必会告诉我们正确之路,所以我们应该向成功目标学习,通过"窃取"他们的思维来提高创新的成功率。

哈佛大学教授塞缪尔·亨廷顿在《文明的冲突》一书中曾提及:"几乎世界上所有非西方文明都至少存在了1000年,有些是几千年。有记录证明,他们都借鉴过其他文明来增强自己的延续。"显然,借鉴先进文明的核心不是技术,而是他们的思维力,代换到工作中也是如此,我们不可能把别人的成功创意直接挪用过来,而是应该关注他们是如何产生创意的。

著名化学家罗勃特·梭特曼发现了带离子的糖分子对离子进入人体非常重要,于是想尽一切办法进行求证,可都未能成功,直到有一天他想起何不从有机化学的观点来探讨这个问题呢,最终将实验做成功了。如果你是梭特曼身边的人,会发现他的创新经验是切换视角,不是从问题的"始发站"思考,而是直接切换路线。工作中也是如此,有的人因为善于和他人交流,喜欢将自己的创新方案拿出来探讨,于是就有了被别人点拨提醒的机会,那我们就可以把这种"在讨论中完善创新"的思维方式借鉴过来。不要担心自己的创意会遭人耻笑，因为在耻笑中我们可能会收获一些启发。

创新进阶：经验融合。

窃取思维是一种方法论，而我们要想缩短创新路径，就要学会把别人的创意和自己的创意相融合，这同样是一种借他人之力来增加己方成功率的方案。

在职场上，我们身边肯定有创意大拿，他们会在项目推进陷入困境时提出绝妙的解决方案，我们就可以从中选取适用性最强的部分作为创新原点，然后当我们遇到同类问题时，再结合自己的优势对创新点进行加工和改造，这样我们就能减少创新压力，提高成功效率。

每个人的生命是有限的，即便你是一个工作狂，你在职场上投入的精力终究敌不过一个团队乃至一个企业。**作为渺小的个体，我们要做的就是在有限的职场生命周期中、在既成事实的工作环境中借鉴他人的创新经验**，这样既能降低风险系数，还能提高工作效率，让我们减少内卷带来的精神压力和现实困境。

3. 半破半立：传统不一定非要颠覆不可

把扇叶去掉，减少清洗负担、提高安全性和静音效果，于是就有了无叶风扇；去掉洗衣液中的活性成分，经过特殊工艺让留香更持久，于是就有了衣物芳香剂；去掉多余按键、省去操作麻烦，于是就有了小米遥控器……如今这种"小而美"的创新无处不在，就是我们常说的"微创新"。

创新是推陈出新，但这个"陈"不一定要全部推倒。它其实可以像微创手术一样，以最小的代价和风险取得最大的成果。

华为是追求"微创新"的典型，在公司发展的早期采用的是代理商的生存模式，后来逐渐由代理模式转变为直销模式。不过这个模式并不是华为自发构想出来的，而是被产品问题"逼"出来的。因为当时华为的设备总是出问题，所以一些研究人员和专家经常十几个人组成一个团队守在一台设备旁边，"等待"设备出问题，对设备进行微小的改造，看似进步很慢，却符合当时华为的生存发展逻辑——颠覆性的创新徒增风险且不具备技术兜底的可能。后来，华为的交换机卖到湖南之后，很多设备出现了短路，最后发现是老鼠尿导致的断电，华为的技术人员并没有盲目对产品结构进行大改，毕竟核心设计理念是没错的，最后进行小幅度的改良就能避免同类事情发生。

职场上也是如此，我们可能会因为一个销售方案的某个问题而导致无法拓展客户，我们第一个要做的不是全盘推翻，而是针对某个具体的细节进行修改，因为推翻越多，我们面临的后续问题和连锁反应也会越多，这才是微创新的妙处所在。

前几年流行一个词，叫创新陷阱，是指企业在发展中对创新活动存在错误的认识结果导致企业发展受挫的现象。其实不仅是企业，个人在创新思维上也容易陷入创新陷阱，名为"创新"，实为"伪创新"。

想要避免掉进伪创新的陷阱，我们就要分析一下微创新的"微"究竟指的是什么。其实，微创新同样遵循着逆向思维的核心：先不急于颠覆传统，而是应该先审视全局，确定需要全盘否定现状吗？当你不敢给出一个确定的答复时，我们就要遵循着半破半立的原则，小踏步地走上创新之路，具体可以采取以下四种方法。

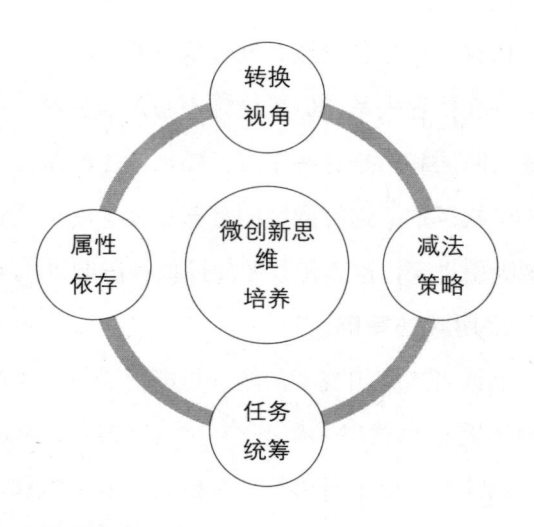

```
        转换
        视角
  属性        减法
  依存  微创新思维  策略
        培养
        任务
        统筹
```

第一,适当转换视角。

有时候转换一下视角,就可以在不改变现状的前提下进行创新。比如一张纸,它可以用来书写,也可以用来做成简易纸篓,而如果你只把它的功能锁定在书写上,就犯了"功能性固着"的错误。同理,一个线下的推广方案,它既可以用来捕获线下流量,也可以和线上的社群营销相结合,动员同城的社群成员通过线下社交增进感情、进一步了解产品,这就是典型的"一案两用",在不改动现有创意的基础上产生工作亮点。

第二,改变属性依存。

不同行业对同一件事物有着不同的属性定位,比如时间和价格这两个属性,在服装行业存在明显的依存性:夏季卖冬装必然要减价,冬季卖夏装必然要打折。但是,有时候我们可以通过主动改变属性依存来产生创意点。以教培行业为例，价格通常都是固定的，不存在依存关系，但是这样不易扩大生源，那我们不妨参照服装业的时间和价格这两个点，根据学生的基础水平（考试分数）来和价格绑定，这样成绩中等甚至偏上的学生也会因为价格优惠而被吸引进来，这就是改变属性依存后的巨大突破。

第三，采用减法策略。

一个产品或者方案出现了问题，可能只是其中某个部分有缺陷，我们只需要把它找出来做减法。当年索尼的 Walkman 是如何产生创新点的呢？就是将传统录音机的外放喇叭和录音功能都去掉，通过简化结构和功能成了便携的音乐播放器，这种非颠覆式的创新同样引领了一个时代。在工作中也是如此，我们把针对某个大企业的服务方案经过合理的适当简化，就可能改造成一个某个小微企业的公关方案，只要我们合理分析和精确筛选，不需要从零做起也能诞生新创意。

第四，采用任务统筹策略。

任务统筹策略就是给予某个元素一个任务，从而达到我们想要的某些目的。在创新工作方法时可以从任务统筹的角度思考问题：我们的产品、服务或流程中的每一个组成部分或环节有没有发挥最大的效率？以线下活动为例，通常我们是聘请专业的营销人员上台介绍产品和服务来抓取客户，那我们不妨转换一下思路：用奖励的方式让潜在客户上台，说出他们对产品都了解哪些内容，这样既能激发起潜在客户对产品的感知度，又能一改硬广的说教味道，这就是通过任务统筹视角找到了创新点。

颠覆性的创新很难，但微创新并没有高门槛，它是在原有事物的基础上，在我们已经得到了一个框架的前提下进行创新，它的改动是微小的，但它带来的收益往往是巨大的。只要我们沉下心认真观察、仔细分析，就能找到打开微创新大门的钥匙。

4. 用"分期付款"给创新上保险

知乎上曾经有过这样一个问题:"学设计的要如何发散思维或者开大脑洞?"其实,不仅是设计专业的,各行各业的从业人员都面临着如何进行创新的问题,毕竟我们不想总是以跟风者的身份去模仿他人的创意,我们内心是渴望创新的。然而,有些人对创新总是存在一种错觉,好像是在某个时刻突然"悟道",于是创新就产生了。事实上,创新在很多时候都是一个循序渐进的过程,这就是渐进式创新。

在 1700 年前的几万年间,人类使用的主要能源是木头或者煤炭,直到蒸汽机出现,才开始将热能转化为动能。正是这种能量的转化,让人类社会产生了翻天覆地的变化。紧接着才有了火车、汽轮机的出现。但是很显然,这个技术的突破是建立在无数其他技术的积累之上才完成的。

渐进式创新和微创新不同:前者是从推进创新的纵向尺度来描述的,是有选择、不激进地合理地完成创新;后者是在创新选择的横向尺度上描述的，是缓慢地、有计划地逐步推进创新。无论是企业还是个体，既要懂得控制风险的微创新，也要学会稳妥的渐进式创新。

爱迪生为了找到灯丝的理想材料，曾经对6000多种植物材料进行了测试，这就是典型的渐进式创新，通过一个个排查错误选项的方式，有秩序、有节奏地推进创新。从这个角度看，一些我们认为的"颠覆性创新"，其实是通过渐进式创新的方式达到了滴水穿石的效果，忽视过程而只看结果往往会陷入误区。

渐进式创新，依然是以逆向思维的方式认识创新方法的：不要从结果来判定创新是否具有颠覆性，而是要从过程分析创新是如何一步步完成的，而要实现这个过程，就需要建立水平思维。

水平思维是由《六顶思考帽》的作者爱德华·波诺提出的，它是一种通过水平移动来尝试不同的认知、概念、切入点，从而探索多种可能性和方法，而不是追求单一的方式。它和我们日常创新时关注的"事实"或者"是什么"并不同，它更在乎的是"可能性"以及"可能是什么"，这样才会促使我们理性地、逐步地进行创新思考，而要达到这个目标就要经历三个步骤，为了方便理解，我们借用以下故事进行分析。

一位老人向商人借了一笔钱，结果无力偿还只能去坐牢，商人找到老人的女儿，想要逼她成亲，女孩誓死不从，于是商人想出了一个解决方案：他从地上捡起一块白石子和一块黑石子，放进兜里让女孩去摸，摸到白石子就把债一笔勾销，摸到黑石子就得和他成亲。随后，商人就从地上捡起两块黑石子放进了兜里，但是这个动作被女孩发现了。如果你是这个女孩，你该怎么办呢？

下面，我们就进入水平思维的第一个步骤——停顿。

在开始创新之前，我们需要先停下脚步，思考如下问题："这是唯一的解决方案吗？""我要关注这件事"，通过这种短暂的停顿，就很容易找到创新的切入点，而非只为了一个结果而盲目开始行动。

回到故事里，如果我们不停顿，而是下意识地做出反应会怎么样呢？第一种方案是拒绝摸石子，因为怎么摸都是黑的；第二种方案是揭穿商人的把戏；第三种方案是干脆认命抓一块黑石子算了。但是，无论是哪种方法，都没有帮助女孩解决问题，父亲都得坐牢。因此我们必须给自己创造第四种可能："这肯定不是唯一的解决方案。"于是，我们就进入了第二个步骤——破冰。

创新之路，最难走的不是从 1 到 100，而是从 0 到 1，当我们找到创新的切入点之后，就站在了"0"的位置上，而这时我们要做的就是"破冰"，即对横亘在目的地之前的障碍进行清理。

回到故事里,我们要解决问题的关键在于思考的焦点:不要只盯着商人口袋里的两块黑石子,而是可以转移到地上的其他石子,因为它们和商人口袋里的石子也是存在逻辑关系的,找到了这个破冰点,才完成了从 0 到 1 的关键性转变,于是,我们就进入第三个步骤——抛砖引玉。

抛砖引玉是通过"补充性创新"加快创新进度,即通过验证一些创意点来注入新的创新元素。在这一系列方法中总会有成功和失败的,那么我们就把引出来的"玉"保留并不断优化,在实践中慢慢改进创新思维。

回到故事中,当我们把思考的焦点放在地上的石子时,可以想出多种新的解决方案,比如可以对商人说:"地上这么多黑石子,没看到几个白的,你再检查一下是不是拿的都是黑的?"这样商人就不得不重新在兜里放上一黑一白,女孩也得到了 50% 拿到白石子的机会,但是仍然有拿到黑石子的可能,所以这个方案要被 pass 掉。那么,在抛掉这块"砖"以后,我们找到了让女孩 100% 拿到白石子的"玉":让女孩直接去商人的兜里抓石子,在拿出来的瞬间扔到地上并告诉商人不知道掉到哪里了,但是只要看兜里剩下的石子就知道了,这样一来,商人就只能承认女孩拿到的是白石子。

水平思维能够通过不同的方法去观察事物,然后用最有希望的方法去处理,避免了因视野狭窄而造成"创新路径阻塞"。

被誉为"21世纪最优秀的公司领导"的通用电气CEO杰克·韦尔奇，由他撰写的《商业的本质》里面说道："**在商业领域，最好的创新其实是渐进式改进。**"因为这种创新几乎是每个人都能做到的，它可以让我们循序渐进、持续不断去做，同时达到互相促进、良性循环的效果。

无论是微创新，还是渐进式创新，都是一个艰难的过程，微创新考验的是我们对创新尺度的把握能力，而渐进式创新检验的是我们对创新速度的掌控能力，只有在横向和纵向两个尺度上都找到合理的角度和力度，我们才能完成具有实操性和适用性的创新成果。

5. "双碳"创新启示录：目标倒逼法

在特斯拉之前，我们对节能汽车的理解是什么呢？小型的、经济的、家用型的燃油汽车，它的节能之根是耗油量小。然而在特斯拉跑车问世之后，我们才发现还可以通过电动车来实现大跨步的节能战略。

那么，马斯克是如何敢把电动车做成跑车的呢？他有一段阐述："我们运用'第一原理思维'而不是'比较思维'去思考问题是非常重要的……'第一原理'的思考方式是用物理学的角度看待世界的方法，也就是说一层层剥开事物的表象，看到里面的本质，然后再从本质一层层往上走。"

所谓"第一原理"，其实就是指事物剥离表象之后的"元问题"，具体到电动车上，就是"车"是中心词，"电动"是限定词。如果是比较思维，那就会从限定词入手，从而被限制在"电动"或者"燃油"等框架内，而元问题就是回归"车"这个词的本身含义。人类发明汽车就是代替双脚，让人跑得更快，既然如此，电动车就不应该被限定为比燃油车慢的汽车，而是同样能够满足人类初心的汽车，正因为抛开了这种限定，才会进行更彻底的创新。

"元问题"是一个符合创新原理的思考方式，但是顺向思维是很难探讨"元问题"的，因为顺向思维只会考虑"元问题"顺序推导出的"子问题"或者"衍生问题"，难以回归事物本质，这时就需要借助逆向思考，通过追根溯源寻找"元问题"的新答案，这就是目标倒逼法。

"目标倒逼"指的是先给自己设定一个预期的结果，然后反推能够达成这个结果的路径，正如特斯拉跑车一样，马斯克首先考虑的是制造性能不弱于燃油车的新能源汽车，然后回归"元问题"找到了高性能电动车这个答案。

普通人思考问题时容易采用顺向思维，即根据自己的实际能力来确定一个目标，然后从中寻找机会。相比之下，成功者的思维大多是逆向思维，他们会以目标作为导向，然后倒逼自己去解决元问题，由此进行高价值的创新，所以他们总是能站在未来的角度去思考此时此刻自己该做什么，依靠逆向思考才让他们有引领行业甚至引领时代的可能。

蒙牛公司当年的发展曾经书写了行业奇迹，以至于被业界称为"蒙牛速度"。然而在2000年的时候，蒙牛的销售收入只有不到3亿元。在2001年制订未来的"五年计划"时，蒙牛居然把 2006 年的销售目标定在了 100 亿元。这在外人看来简直是痴人说梦，但是在 2005 年蒙牛就实现了 100 亿元的销售目标。

蒙牛成功的关键在于逆向思考，他们根据目标来确定企业的策略和计划，倒逼企业能力提升，同时找到了"元问题"的答案：乳业要为消费者提供什么呢？不是简单的、粗加工的乳制品，而是富含营养的科技化乳制产品。为此，蒙牛展开了益生菌相关的科研创新工作，与全球最大的菌种研究供应商丹麦科汉森集团展开深入合作，在制定酸奶的菌种筛选和产品标准方面积累了先进的技术经验，由此步入发展的快车道。

对个人来说，目标倒逼法也能帮助我们快速找到创新方法。

著名管理学者彼得·圣吉在《第五项修炼》一书中提到"创造性张力"这个概念：我们的目标和现实之间往往会存在较大差距，而这种差距会让我们产生情绪压力，进而感到沮丧、焦虑甚至是痛苦，我们要想消除这种负面情绪就要通过"创造性张力"完成。

如图所示，你想减肥是愿景，抗拒不了美食是现实，双方的差距就构成了创造性拉力，为了实现愿景，你就想出了"吃素肉犒劳运动"的方法，满足了虚拟吃肉的感觉，也完成了运动任务。

"创造性张力"是一个中性词，它可以是降低目标这种妥协策略，也可以是改变现实这种积极策略，而这两种策略将决定不同的人生走向。我们都想在工作中有所突破、有所创新，可一旦创新无法推进时，是不是大多数人都选择了妥协策略了呢？当然，你会说自己已经尽力了，可仔细想想，你之所以给出这样的借口，原因还是在于没有进行目标倒逼。

成功者的创新往往都是面向未来的，而对未来的畅想会让人激发起更强的斗志和更大的潜能，所以你不能安于现状，不要把自己放在食物链底端，要适当提高你的职场愿景和人生目标，主动给自己增加难度，激发你的创造性张力朝着积极的方向发挥作用。听上去有些不可思议，但事实上目标适当设置高一点反而会激发我们的创新潜能。打个比方，让一个身高1.7米的人去摸他能达到的最高目标，可能一般人会锁定在2.1米到2.5米这样的区间，因为这个目标驱使下，人只需要踮起脚伸长胳膊就能摸到，但是如果将目标设定得再高一点有没有可能实现呢？那就是通过原地跳跃甚至是助跑跳跃的方式来实现，这就是设定高目标之后激发了对方的创新潜能，而且只要没有限定条件，我们再把目标定得高一点，这个1.7米的人都可以通过垫椅子、架梯子等方式不断突破上限。

工作中，由于我们习惯在舒适区，就像1.7米的人只愿意伸手去摸目标，所以有时候**我们要尝试走出舒适区，而创新是不会给你设定太多法则和框架的，你没有想到，仅仅是因为你没有想到而已**。

赢在未来从来不是鸡汤励志，因为我们无论愿意与否，都会不由自主地走向未来，未来就是我们的必经之路，那么既然是无法绕开的，我们就要尽早采用逆向思维，通过目标倒逼的方式让自己的能力不断提升，在持续的挑战中突破自我，从而实现真正的自我超越。

第六章

可怕的"自律陷阱"，正在拖垮你的人生

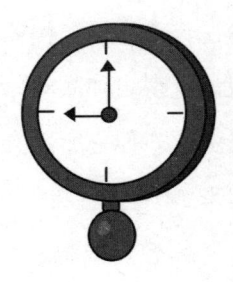

1. 这不是毒鸡汤：越自律才越自由

"越自律越自由"，这句话一度在社交媒体上被大家广泛转载和认同。

"自律"和"自由"似乎是一对反义词，对此白岩松是这样解释的：他一周跑步5天，每周都要踢一场球，这一切是因为他讨厌不断变形的身材，如果不自律进行锻炼，就会陷入身体的不自由，那么灵魂又如何自由呢？

不是因为自律而丧失了自由，而是因为自律获得了自由。在哲学家康德看来，自律是理性的象征，是用理性克制欲望和本能的能力，这正是人拥有自由意志的表现。因此，自律即自由，或者说，自律是自由的一种表现。或许有人会说，道理我都懂，但就是觉得自律太难，没有白岩松的那种毅力，自然就谈不上什么自由了。你之所以会产生这种想法，是因为你把自律和自由对立起来了。

你想要减肥，结果因为没有控制饮食而失败了；想要学习，因为没有完成足量的题目而失败了。这些都是因为你不够自律吗？如果你去问那些减肥成功的、学业有成的，他们可能会说自己能定时定量地去做某些事，但是他们脑海中很少会出现"自律"这个词，因为他们已经养成了习惯，甚至可以说，他们是因为喜欢做这些事才养成习惯的，而这恰恰证明了自律和自由原本就是一体的。

想要真正理解这个结论，我们就要先了解**人性的本质——趋利避害**。

很多减肥成功的人并不是用自律来约束自己吃饭，而是想着自己瘦下之后快乐自由地奔跑运动；很多学霸也不是逼迫自己坐在书桌前学习的，而是他们知道学成之后自己会拥有不一样的人生，因此在学习时会产生满足感、获得感甚至是快感。

当你觉得自律很难时，其实是因为你的思维控制权被大脑夺走了，大脑代替你进行了思考，它没有从"趋利避害"的角度出发，只是单纯地排斥你打算要做的事情，这关联到我们大脑的一个机制——原始认知能力。

原始认知能力也叫元认知，是对认知的认知，是对思考的思考，是对你思维过程的检测和调整，简单说就是，"我知道自己在思考，我知道自己在理解某件事"。

很多时候，我们未能自律地完成某件事，其实也是被原始认知困住了：当你在追剧的时候，会不由自主地拿起茶几上的零食吃起来，然后意识到这样做不利于减肥，接着就会强迫自己改掉看剧吃零食的习惯，但问题的根源在于为什么非要看剧吃零食不可？

修正错误的原始认知，就是我们夺回大脑控制权的关键。如果把大脑比喻成电脑，那么大脑的工作机制就可以理解为：信息输入—黑盒子—输出结果。其中，"输出结果"决定了人生轨迹的不同，而黑盒子就起到了重要的信息加工作用。

完成自律，就是要破解我们脑中的"黑盒子"，因此要按照以下三个步骤逐步推进。

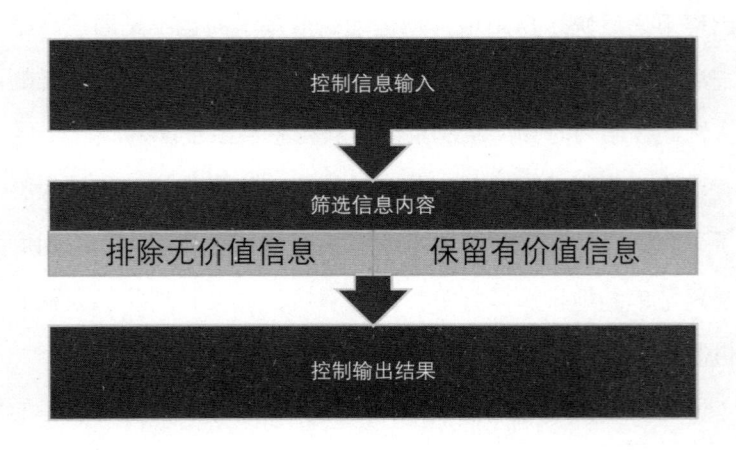

```
┌─────────────────────────────────────┐
│          控制信息输入                │
└─────────────────────────────────────┘
                 ▼
┌─────────────────────────────────────┐
│          筛选信息内容                │
│   排除无价值信息  │  保留有价值信息   │
└─────────────────────────────────────┘
                 ▼
┌─────────────────────────────────────┐
│          控制输出结果                │
└─────────────────────────────────────┘
```

步骤一：控制信息输入。

信息输入由我们的注意力来决定，注意力会让你筛选自己感兴趣的信息，同时屏蔽掉自己不感兴趣的信息。那些从小接受良好教育的人，他们输入的信息通常都是有价值的（针对他们自身的发展而言），比如学习文化课、培养艺术细胞、练习待人接物等，所以他们的成长更快、综合能力更强。而从小缺乏良好教育的人，关注的可能都是一些有害信息，比如沉溺于游戏、观看低俗影片、交酒肉朋友等，稍不注意就会走上邪道。

回到自律的问题上，你根本不必强迫自己"追剧时不吃零食"，而是在追剧的时候屏蔽对食物的需求，把注意力集中在观剧本身，去挖掘剧中的潜在美学价值，比如导演的运镜、演员的表演、剧本的编排等，这样就能增加新的获得感，从而减轻和自我对抗的压力。在工作中也是如此，有人干着活儿就想和同事聊天或者玩会儿游戏，这是因为他们不由自主地看向了同事、放下了手头工作，信息输入的都是干扰内容，因此要让注意力回归工作本身。

步骤二：筛选信息内容。

在你有选择地进行信息输入之后，下一步要做的就是控制大脑对信息进行筛选，这需要经过两种选择。

一是排除无价值信息。

发现无价值的信息，马上进行丢弃，不要让它进行无意义的加工。比如你正在做一份营销PPT，在搜集图片素材的时候找到一个小视频，出于好奇你会点开观看，结果浪费了时间。其实从发现这个小视频之后你就应该迅速做出判断：明天是与合作方的正式商谈，这种搞笑的小视频根本不符合PPT的要求，完全没有必要点开。当你习惯这样高效地筛选信息时，你就能减少无价值的工作量了。

二是保留有价值信息。

同样，如果你在做 PPT 的时候发现一组数据图可以印证自己的推断，从而提高说服合作方的成功率，那么就要果断下载然后认真分析，将其合理地插入需要的页面，这样就能帮助你快速完成工作。

三是控制输出结果。

筛选出有价值信息后，下面要做的就是控制输出结果。还是以 PPT 为例，你搜集了一大堆可以印证己方观点的图文资料，但是存在信息溢出，这时你要确定一个结果：到底是要在哪些方面说服客户，是在合作模式上还是产品价格上？是想创造短期合作的条件还是培养长期合作的潜质？这样就能帮你进行取舍了。

作家罗曼·罗兰在《托尔斯泰传》中写道："**最真实的、永恒的、最高级的快乐，只能从三样东西中取得：工作、自我克制和爱。**"自律的快乐，本质上是一种"高级快乐"，当我们学会享受高级快乐的时候，才能真正实现自律，进而走向成功。

秦末农民起义时，刘邦攻占了咸阳，进城后看到无数的宝物和美女，他本想在此住下，享受一下"低级快乐"，然而在张良的提醒下立刻意识到稳定关中人心远比享受宝物更重要，于是他抵御了诱惑并约法三章："杀人者处死，伤人者处刑，盗窃者判罪。"因此赢得人心并最终夺得天下，享受了君临天下的"高级快乐"。这才是打开自律的正确方式。

自律和不自律，代表的是两种态度，对应的也是两种生活方式，最终会演变成两种不同的人生：自律者出众，懒惰者出局。只有当你选择了自律的那一刻，才有机会变成自己想要活成的样子，即便你现在不理解，终究有一天你会感谢此刻的自律。**毕竟，一个连自己都管不住的人，永远也不可能驾驭别人，而管住自己，就要从驾驭思维开始。**

2."懒癌"晚期,先把佛系心送走

你是不是有过类似的经历:办了一张健身卡,坚持不到一个礼拜就因为懒得动而放弃了;买了很多书,然而看了不到半本就放回到书架上再也没有翻开了……没错,你可能给出的答案是:我懒是因为心态很佛系,所以就没有坚持下来。

"佛系心"的确是万能的理由,然而当你用逆向思维思考的话,就会发现真相并非如此:因为我佛系所以才放弃自律了吗?错,其实是你在自律中遇到了阻碍,最后不得不选择了佛系,而导致你遇到障碍的根本原因是没有建立"习惯回路"。

什么是习惯回路呢?当你的大脑在面对要不要做的时候所产生的第一个念头,就是你的选择,而大脑在完成这个选择之后还会产生相应的成就感,之后,大脑在遇到类似的情况下不断强化这个选择,最后让这个选择成了本能反应一样的习惯回路。

美国商业调查记者查尔斯·都希格在《习惯的力量》一书中,记录了一个名叫尤金·保利的人,他因为病毒性脑炎损伤了部分脑组织，忘记了近30年的生活，不知道自己多大，想不起朋友是谁，但每天早晨他都会走进厨房做培根鸡蛋，还会打开收音机，当有人进房间时他会介绍自己……他在失忆后，好好地生活了15年，而支撑这一切的就是他在失忆前建立的习惯回路。

习惯回路和之前提到的原始认知不同，后者是强调的意识层面，而前者主要是指行为习惯，一旦这个行为习惯是偏向舒服的选择时，你就产生"懒得动""放弃了"等惰性反应，在你的自我美化之下就变成了佛系心并且沉迷其中。不过，事物都是一体两面的，既然大脑能够操控你通过习惯回路做出舒适选择，那我们也可以通过建立正确的、积极的习惯回路反过来操控大脑，达成自律的目标，参考方法如下。

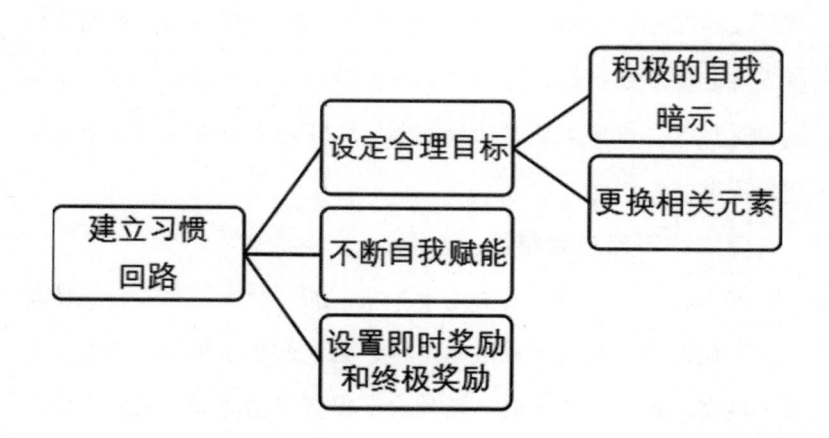

```
                    ┌─ 设定合理目标 ─┬─ 积极的自我暗示
                    │                └─ 更换相关元素
    建立习惯回路 ───┼─ 不断自我赋能
                    │
                    └─ 设置即时奖励和终极奖励
```

第一，设定合理目标。

完成自律需要树立一个明确的、可达到的目标，注重阶段性的完成并获得成就感,这样才能激励我们去完成下一步计划。如果目标过大过难,就很容易触发我们的佛系心态从而选择逃避,这需要借助"登门槛效应"①。打个比方,你的目标是通过在职考试提高职业技能,那么在制定目标时最好是以星期为单位做完几套题,这样你在七天之内有调剂的时间,不至于压力过大,当你在第一个星期达到这个小目标之后,就会有信心完成下个星期的任务。同理,拜访客户也是如此,你不必要求自己马上提高成功率,而是注重对目标客户的信息搜集和经验积累,等到你了解了客户群体之后,再制定一个易于达到的成功率来敦促自己,这样你就能在学习和工作中逐渐进步。

科学设定目标是建立习惯回路的制胜关键,它能不断对我们进行心理暗示:"你看,其实你能做到的。"这样一来,你就会被激发斗志而继续挑战,符合很多关卡游戏的设计原理:难度太高会劝退玩家,难度太低会让玩家索然无味,只有难度适中才能吸引玩家继续。

第二,不断自我赋能。

佛系心态的产生一定程度上和我们的"能量"有关,就像是一部手机在没电时会自动关机一样,当我们在学习和工作中单向输出能量却得不到补充时,自然会变得意志力薄弱,最后干脆选

---

① 社会心理学家用"登门槛效应"来泛指在提出一个大的要求之前,先提出一个小的要求,从而使对方更容易接受大的要求。

择躺平。所以，在自律的道路上我们要确保激情不灭。

一是积极的自我暗示。

简单说就是给自己"画大饼"，展望未来的美好画面。比如在你拜访客户的过程中，难免会遇到吃闭门羹甚至遭受客户冷眼的情况，这时候你可以鼓励自己："没事，下一个客户我肯定能拿下，因为我是最棒的。"这就是借助"皮格马利翁效应"[①]给予自己积极的暗示，从而激发热情，不陷入萎靡不振的负面状态。

二是更换相关元素。

我们的手机屏保，每隔一段时间都会更换，以此来保持新鲜感。自律的激情也是如此，当我们去拜访客户时，可以购买一件新衣服，换了份心情也就提高了信心；再比如我们的工作环境也可以通过添置绿植、更换文具来增加一点情趣。虽然这些都是小事，却能在无形之中帮助我们保持激情。

保持激情符合"飞轮效应"的原理，即在轮子刚开始转的时候需要使用较大的力气，而一旦达到临界点时，就不再需要耗费更大的力气，只需要持续给它一个很小的力，而这正像是激情被点燃之后我们会不由自主地坚持下去一样，所以前提是不能让激情熄灭，要让我们始终保持在亢奋状态。

[①] 一种社会心理效应，指的是教师对学生的殷切希望能戏剧性地收到预期效果的现象。

第三，设置即时奖励和终极奖励。

当你达到阶段性的目标之后，可以通过奖励来"贿赂"自己的大脑，从而强化和激励你去完成下一个目标，促使你把行动变成习惯，而这符合"奖赏效应"的原理。如果是眼前完成的、难度不大的目标，就通过奖励一杯奶茶或者一顿大餐来慰劳自己；而如果是终极目标的实现，则可以奖励一次长途旅行或者一部新款手机，这些奖励能够帮助你释放一定量的多巴胺，而多巴胺是一种与欣快和兴奋情绪有关的神经递质，能让你更积极主动地完成和自律相关的事情，强化正在构建的习惯回路。

自律的前期是兴奋的，中期是痛苦的，后期是享受的。很多人之所以放弃回归佛系，也是因为在中途感受到了压力和痛苦，所以我们必须巧妙使用即时奖励和终极奖励，把我们从负面的情绪中拉回来，不给自己"放纵"的机会，避免"破窗效应"。

自律的核心是长度而非强度，之所以有些人最终选择佛系之心，是因为给自己上的强度过高而又不注意培养习惯，这自然会让大脑产生恐惧和逃避的反应。当然，我们也不必与佛系心态为敌，因为每个人都有自己的自律区间，我们只需要做能力范围内的自律者，这种从实际出发的自律才最有益于我们的佛系心态。

3．凌晨遛狗：看这些狠人的时间管理

曾经在网上流传着韩国年轻人晒出的"时间管理"，让不少中国网友惊呼震撼：晚上 11 点在健身房举铁，深夜 12 点 30 分去美容院美黑皮肤，凌晨 2 点 45 分在走廊里踱步练习仪态，凌晨 3 点 40 分出门遛狗，凌晨 4 点 30 分准备睡觉……这已经不能用"夜生活"来形容了，完全是日夜颠倒的传奇人生。于是，这又引发了一个自律领域中老生常谈的话题：如何进行有效的时间管理呢？

在回答这个问题之前，我们不妨先问自己一个问题：你的时间是如何在不经意间慢慢流逝的呢？从时间总量上看，人和人不会有多大差别，但是对时间资源的利用效率却是天壤之别。虽然网络上流传着各种时间管理方法，但是同样的方法在不同人身上也会存在差异，是什么原因导致的呢？

一个因素是心智，即我们是否真正理解了这些时间管理方法的精髓，是否在实操过程中出现了偏差；另一个因素是行为，即

你的工作和生活习惯决定了并非每一种方法都对你适用,你的时间管理不善可能和方法没选对有关。归根结底,是我们没有用逆向思维去认识时间管理的真相:不是因为不够自律导致了时间管理失败,而是因为没有选对时间管理的方法才导致了不自律。想要进行有效的时间管理,必须弄清时间管理方法的三个基本逻辑。

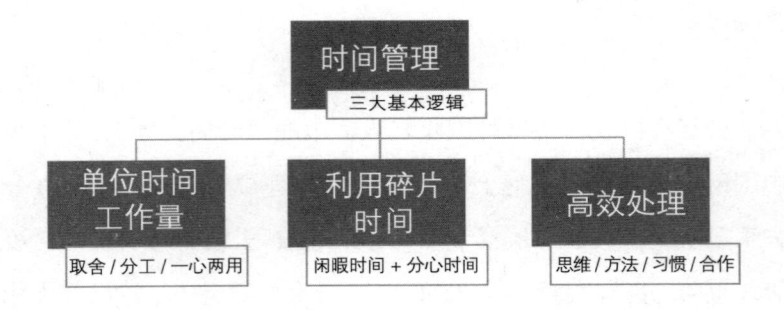

```
                    时间管理
                   三大基本逻辑
        ┌──────────────┼──────────────┐
     单位时间         利用碎片         高效处理
      工作量           时间
   取舍/分工/一心两用  闲暇时间+分心时间  思维/方法/习惯/合作
```

逻辑一:如何在相同的时间内完成更多的事情。

几乎所有的时间管理方法都要解决以下四个问题:一是知道什么事情不必去做,二是明确什么事情可以交给别人去做,三是知道哪些事情可以加速去做,四是明确什么事情可以同时做。解答这四个问题需要正确认清我们手头的工作。

有所取舍。

时间管理无外乎是为了高效产出业绩,所以你要对事物的价值进行清晰的判断,比如你要展示给领导或者客户看的 PPT,它们的价值应该是通过标题、图表、小结一眼就能被发现,而那些大段的文字领导或者客户很难认真看完。这样你就知道该在哪里下功夫了。

学会分工。

大多数项目都是团队一起来做的，如果你是文案，那就只负责文字层面的东西，需要图片表达的就去交给设计，不要妄想着自己顺手去做，一来你不够专业，二来会浪费时间，当然在这个过程中需要和对方沟通好。

一心两用。

不要认为一心不可二用，在你上网寻找资料的时候，同时是可以收听客户对项目要求的录音的，这样还能实时帮助你筛选目标资料，如果分开去做既消耗大量的时间，也失去了结果导向的指导意义。

逻辑二：利用碎片时间。

既然时间总量相差无几，那么在提高单位时间内的效率之外，我们就只能从碎片时间下手了，但是很多时间管理方法并没有明确"碎片时间"的定义。一般来说，碎片时间包含着"闲暇时间"和"分心时间"两种。闲暇时间就是你在工作之外的空闲时间，比如上下班的路上、休息时间等，而"分心时间"是指做某件事之外依然可以被挤出来的时间，比如整理方案、开会等。

无论是闲暇时间还是分心时间，它们的实际作用并没有想象中那么大，因为它们存在着大量的外界干扰因素，导致我们是在缺乏专注力的情况下工作的。另外，如果我们不放过每一个碎片时间，会让我们长期处于高压状态中，这相当于变相剥夺了休息时间，反而会加重疲惫感和厌倦感。所以我们要遵循两条原则：一是每天只利用少量的碎片时间，二是分配相对简单的工作。打个比方，你下午要就某个项目进行汇报，方案已经撰写完毕，那么趁着等人的时间用手机浏览一下电子版，提前熟悉一下内容，既不会要求你集中注意力，也能帮助你达到"眼熟心熟"的目的。

逻辑三：高效处理日常工作。

时间领域的"开源"是有上限的，因为你无论怎么努力，每天也只有24小时，所以最恰当的切入点还是"节流"，即减少时间的浪费。

从思维层面节约。

提高效率的关键在于创造有利的外部条件，这就需要利用"错峰思维"[1]，比如向领导汇报工作的时候，不要选择大家都排队等待的时间，而是选择人流少的时间，这样还有机会多和领导沟通；再比如需要下载大容量文件时，可以利用午休时间带宽占用低的时段下载。以此类推，我们就能减少不必要的时间投入。

从方法层面节约。

经常做的工作一定要总结一套有效方法，而如果是只做一两次的工作，与其绞尽脑汁进行时间管理不如马上去做，因为复用率太低。打个比方，给客户购买小礼品，直接从电商平台下单再

---

[1] 错峰思维最初起源于交通治堵，是指通过科学手段实现资源的合理调度。

填写对方的邮寄地址，这就省去了你去线下购买再送给客户的烦琐过程。再比如，你经常做的策划方案可以生成一个模板，把具体内容去掉，保留通用框架，下次再做时就能节约时间了。

从习惯层面节约。

某些工作习惯也能减少时间浪费，比如工作台上只摆放常用的、必需的办公用品，不要将利用率高的物品放在抽屉或者柜子里，同时确保物品的位置固定不变，这样在你需要时伸手就可以拿到，避免浪费时间。

从合作层面节约。

华为时常提醒员工注意一个问题：学会说不。这是因为一些员工虽然自己做到了自律，却因为别人没有做到自律而被拖下了水，把时间浪费在为别人查漏补缺上，结果耽误了自己的工作进度。虽然任何一个企业都提倡要讲团队精神，但对于他人的不合理请求必须拒绝。

归根结底，时间管理方法的核心可以节约我们的精力，同时也可以减少我们的贪念，不要指望在有限的时间内去完成无限多的工作，因此**我们不要急于求成，反而要在心态上保持慢节奏，才能在实操中保持快节奏。**

自律如同人生路上的一盏明灯，它能够照亮你通往成功的道路，也可以为你带来光和热，而时间管理就是保持自律节奏的关键，它决定了我们是朝着卓越迈进还是限于平庸。

4. 趁你还年轻，惩罚就是最好的奖励

14世纪的欧洲一度被黑死病肆虐，当时有人认为自我鞭笞流出的鲜血能够净化灵魂从而抵御黑死病，因此不少人纷纷拿起了铁棒，在大庭广众之下殴打自己。在文明社会，这种愚昧的自我惩罚基本上销声匿迹了，不过人们对于自我惩罚的认识却有了新的发现。

一群自愿参与实验的大学生（经检查精神状态稳定、心理健康）被分为三组，第一组要求回忆一件让自己愧疚的事情，第二组要求回忆一件悲伤的事情，第三组则回忆最近一次去超市购物的经历。然后实验方告知志愿者们，可以在接下来接受六次轻微的电击，电击的设定在人体可承受的范围，如果志愿者同意可以自行提高后面的五次电击强度。最终只有第一组的志愿者主动提高电击的强度，显然他们是出于愧疚才对自己施加惩罚的。

在自律的道路上，相信很多人都有过愧疚的情绪；可能是因为一次节食的失败，也可能是因为在"双十一"疯狂剁手。这种

愧疚感该如何看待呢？顺向思维会认为：我没有感受到自律的好处，所以才总是失败，但如果用逆向思维思考会发现，是因为你对不自律的恶果缺乏感知才导致了失败。所以，我们需要通过施加合理的惩罚让自己牢记某一次失败的自律，当然要选择合理的惩罚方式。

2015年8月10日，《人民日报》官博曾经撰文推荐"惩罚孩子的有效方法"，其中包括"自然后果惩罚""失去某些特别待遇""'量刑'要适当"等方法和注意事项。而成年人的自我惩罚也可以根据这些原则筛选出科学合理的惩罚方式，既不损害身心健康又能够达到惩戒的目的，还临时客串了一回"犯了错误的小朋友"，找回童年记忆。

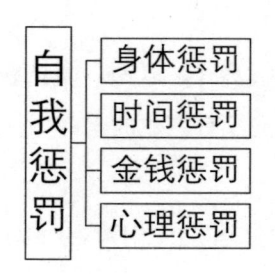

```
           ┌─ 身体惩罚
           ├─ 时间惩罚
自我惩罚 ──┤
           ├─ 金钱惩罚
           └─ 心理惩罚
```

第一，身体惩罚——强化行为控制。

这是最简单易行的惩罚方式，类似《人民日报》推荐的"罚坐""罚站"等惩罚方式，即当你没有达成既定目标时，可以惩罚自己做30个俯卧撑或者40个仰卧起坐。如果条件允许，也可以去小区或者公园里来一次长跑或者跳绳，不仅能锻炼身体，还能增强惩罚的记忆点。当然，还有一种惩罚是比较"经济"的，那就是整理房间、打扫卫生，它虽然不能让你锻炼体能，却可以产生一种成就感，这和《人民日报》推荐的"帮忙做家务"的惩罚方式是一样的。

运动是最直接关联你的行为控制的，而它是实现自律的基础。发现自己自律不够就马上行动，用消耗卡路里的方式强化肌肉记忆，会让你在下次开启自律行为时回想到今天付出的体能，可以更好地强化自我激励并建立行为习惯。

第二，时间惩罚——强化目标控制。

剥夺你的"自由时间"是一种精神层面的惩罚，类似于《人民日报》推荐的"看书写字"等惩罚方式，比如禁止在一个小时内刷短视频娱乐或者玩游戏、追剧，而是利用这段时间来弥补自律失败浪费的时间，把没有完成的工作做完或者专注地学习职业技能。

时间惩罚的目的是强化我们对目标的控制，通过"剥夺自由"的方式让我们明确自己的工作目标，防止沉迷在一些浪费时间的活动中，让我们聚焦在预设的目标轨迹上，达到自我成长的目的。很多时候，我们对自律目标的不够坚持就是因为不懂得合理利用时间，所以用"剥夺时间"来提醒我们"珍惜时间"是最直接的方法。

第三，金钱惩罚——强化思维控制。

当你因为懒惰和拖延而失去自我约束时，金钱的惩罚往往能够立竿见影，类似于《人民日报》推荐的"没收心爱的东西"的惩罚方式，比如拿出本来用于买奶茶的 100 元钱放进一个盒子里，如果以后再犯同样的错误则加大罚款的数额，让我们清楚不自律的代价是"奶茶不自由""穿衣不自由"等。这样做的目的是让自己行事更加谨慎。

罚款是从思维控制的角度切入的，因为我们"损失"了金钱，所以更容易刺激理性思考，让我们反思自我约束失败的原因，而为了避免这种情况的发生，我们就会从捍卫财富自由的角度出发，逼迫自己在决策时让理性占据大脑，避免因为本能的懒惰而放松对自我的要求。

第四，心理惩罚——强化情绪控制。

心理惩罚同样是从精神层面切入，类似于《人民日报》推荐的"排豆子"的惩罚方式，它的核心思想是训练孩子的耐心，而对不自律的"大朋友"则可以通过书写 100 次"我不应该做这件事"或者"下次我要做得更好"等方式时刻提醒自己坚持自律，保持耐心。这种精神层面的刺激有利于我们对情绪的控制，让"愧疚感"发挥作用。

当然，上述的自我惩罚措施仍然需要我们自觉地进行，最好的办法是找亲人或者朋友来监督我们，在固定的时间内询问我们的自律成果，一旦我们没有完成预期的任务，就可以告知监督者开启惩罚，然后把惩罚的结果汇报给对方，比如锻炼后的照片、书写 100 次的口号等。总之，我们给自己设定越多的监督者和法条，我们对自律也会愈发敬畏。

自律就是学会抵抗、自我约束、自我克制，在没有他人要求和监督的情况下自觉完成想要做的事情，它代表着一个人顶级的修养，而在修养形成之前，我们需要采取一些特殊手段加快速度，因此惩罚不是最终目的，它只是帮我们养成自觉、自律和自励的助推器。

5. 效率觉醒：打通意志力的任督二脉

不知你在工作和生活中有没有发现这样一种人：他们在工作时似乎没有投入多少精力，在学习的时候也很轻松，却能产出不错的业绩和成绩。之所以会发生这种"奇迹"，归根结底是他们的效率获得了觉醒。

效率是指单位时间内完成的工作量和工作效果，是可以用来衡量工作的一种尺度，效率的本质意味着在时间、物质和人力等资源方面的节约，包含了组织效率、团队效率以及个人效率，这里我们重点讲述个人效率。

管理学大师彼得·德鲁克曾说："所谓效率，指的是以正确的方式做事！"那么个人效率的提高，就需要依靠自律让我们"以正确的方式做事"。当然，大多数人都知道效率的重要性，却找不到提高效率的有效方法，这其实还是顺向思维惹的祸：因为我不够自律，所以工作效率低下。其实，效率和自律的真正关系应该逆向思考：正因为你没有掌握效率思维，才导致了自律的失败。

查理·芒格曾说："一个人如果掌握 100 个思维模型，你就可以比别人更聪明。"这就是著名的"查理·芒格的 100 个思维模型"，其中就包括了"效率思维模型"。

1972 年 3 月，韩国经济巨人郑周永的蔚山造船厂正式开工，然而他马上面临一个难题：两艘大型油轮的交货时间十分紧迫。如果按照常规，应该是先建造船厂然后再造船，但这样一来就无法按期交货。于是，郑周永果断地做出一个令同行目瞪口呆的决策：建厂与造船同时开工！于是，两项建设日夜不停地进行，经过 27 个月的奋战，蔚山造船厂和两艘油轮同时完工，刷新了世界最短施工期纪录，也成为效率思维在实践中应用的典范。

效率思维，是把效率的认知与意识贯穿于学习、生活、工作中，更经济地运用资源并获得成果。那么，如何掌握效率思维呢？

第一，产生效率意识。

效率是自律的先导思维，没有效率思维而盲目开启自律思维，顶多能让你减少时间的浪费，但不会真正让你提高工作效率。因此，你要学会在工作中养成效率意识，而这个意识的培养是有多种方法的。

一是向优秀人物看齐。你的身边总会有一些学习和工作领域的模范人物，而你要做的就是以他们为榜样，借助"榜样效应"①（也可以叫作"模仿效应"）来提升自己的成功率。二是目标引导法，给自己在一天内、一个星期内、一个月内制定一个目标，每次工作前都回顾一下目标，强化自己的责任感，这样就能在实践中被赋予动力。

第二，找到属于自己的工作时间和工作节奏。

每个人高效的工作时间是不同的，有的人适合在清晨工作，有的人则适合在晚间工作，因此我们不能盲目地模仿他人的高效工作时间，而要找到属于自己的高效工作时间。除了工作时间之外，工作节奏也决定了工作效率，在此我们可以参考华为的"韵律法则"。

据说每年华为在招收新员工时，都会对新人进行效率方面的训练，其中一个重要组成部分就是"韵律法则"。"韵律"指的就是节奏。打个比方，当你在撰写文案的时候，如果用5分钟的时间打开思路、再用10分钟进入巅峰状态，这里的"5分钟"和"10分钟"就是你的工作"韵律"，而如果有人在你的巅峰状态时打扰你，当你再次进入巅峰状态就又需要10分钟的时间，这是因为你的"韵律"被破坏了。当然，更多的时候不是外界打扰你，而是你自己开小差主动破坏了韵律。为了避免这种情况的发

---

① 心理学家阿尔伯特·班杜拉曾经做过一个"滚木球实验"，证明良好的示范者会对模仿者起到积极的引导作用。

生，当你进入高效的工作节奏后，要时刻提醒自己保持专注。

第三，科学地进行能量管理。

人做任何事情都是需要能量的，在缺乏能量的前提下，我们即便有再强的能力和再好的工作节奏也会大打折扣，这里就涉及动力和意志力的协调问题了。

大脑的工作分为潜意识和意识两个部分，分别对应基底神经节和前额皮层，当我们把大脑看成一个工厂时，基底神经节就像是一线员工，负责重复的劳动，它们对应的就是意志力，而相对聪明的前额皮层就像老板，负责进行管理，对应的则是动力。那么，对提升效率最有用的方法就是让基底神经节喜欢上前额皮层想要的东西，从而缩短老板和员工的认知差异，达到"一次通过"的成果，这同样意味着工作效率的提升。

达成这个目标的关键在于动力和意志力的训练。

动力是以人的感受为基础的，具有不稳定性，通常会遵循递减原则，在热情耗尽后产生强大的抗拒力，迫使我们放弃。和动力相比，意志力更加稳定和可靠，但是它的"瞬时能量"是有限的，不会像动力那样突然赋予你强大的能量。因此，我们在进行能量管理时，要从简单易行的环节切入，确保我们的能量源源不断地输入并增加，从而保证意志力的消耗处于最低值，而当意志力不会被严重损害时，我们就能为动力积攒能量，在某个需要我们爆发动力提高效率的时刻再启动它，起到事半功倍的作用。

第四,工作之余调节心境。

我们都知道,当电脑或者手机存在过多垃圾软件的时候,运行效率会大大降低。同理,人的大脑也是如此,当我们疲倦和忙碌时会产生各种杂念,当它们逐渐积累时可能会造成"思虑过度"[①],所以在工作间歇,我们可以通过冥想来"清理思维垃圾",步骤如下:

①找到一个安静的所在,以最舒服的方式坐好。

②设定一个15分钟的闹钟,然后闭上眼睛。

③大脑放空,停止思考,把全部注意力集中在呼吸上,感受呼吸的节奏和气息。

④当你感觉自己即将走神或者睡着时,把自己的注意力拉回到呼吸上,如此往复,直到闹钟响起。

当你每次持续保持10分钟以上的冥想状态后,你就能充分感受到大脑的清澈和放空,思维也会逐渐变得清晰。有研究表明,长期冥想带来的变化并非只是感受上的,还能让大脑区域的实际体积产生积极的变化,达到重塑大脑的作用。

---

① 一种负面认知模式,其特点是歪曲和负面认识周围事物,无论对自己,对所处事情还是对未来,都存在负性认知,夸大事物负面影响。

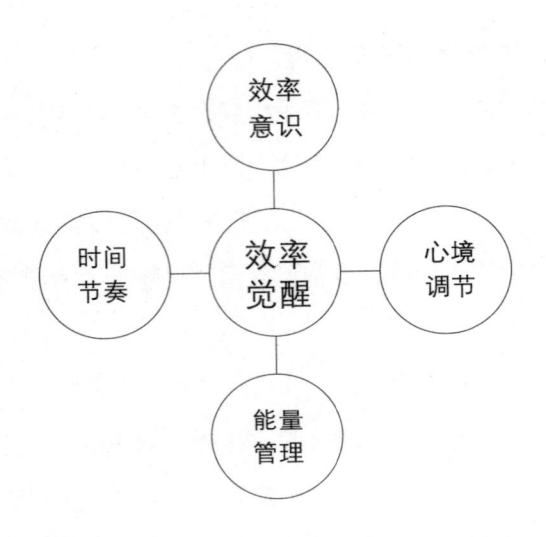

```
          效率
          意识
            │
   时间 ─── 效率 ─── 心境
   节奏    觉醒    调节
            │
          能量
          管理
```

英国作家萧伯纳曾说:"世界上只有两种物质,高效率和低效率;世界上只有两种人,高效率的人和低效率的人。"**很多时候,真正拉开人与人之间差距的就是效率**。效率的本质是资源利用率的体现,高效率意味着高资源利用率。因此无论是个体还是组织团队,我们都应该学会在有限的资源条件下去获得最大的成果。只有当我们的效率不断提升时,我们才能拥有丰盈而平衡的职场生涯。

第七章

用逆向思维，
破解金钱规律密码

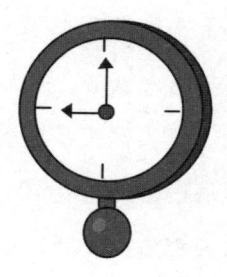

1. 贫穷思维解套：亏本是因为动机不对

在 BBC 制作的纪录片《人生七年》中记录了这样一个现象：通过长时间对不同阶层孩子的跟踪，最终发现富人的孩子最终变成了富人，穷人的孩子依然还是穷人。不少观众在看完之后都产生了同感：贫穷和富有或许是可以遗传的。其实，遗传的并非只是基因，还有思维方式，是富人家庭通过言传身教让下一代掌握了正确的创富思维。

现实生活中，很多收入不高的人群为了实现财务自由，在工作之余都开辟了副业，然而他们在创富之路上走得并不顺利：有人买基金一个月亏本了，也有人炒黄金赶上下跌了，还有人炒股一上来就被套牢了……每到此时就有人想起"马太效应"：难道真是富人越富、穷人越穷吗？

富人确实掌握着比穷人更丰富的资金、信息和人脉等资源，但从投资的角度看，亏本这种事穷人和富人都无法避免，只不过穷人相比富人而言失败后翻盘的概率更小，因为穷人比富人更加输不起。关于这个问题，不要用顺向思维去思考："我是穷人，所以亏本的概率更高。"而是应该逆向思考："正因为我亏本的概率高，所以才失去了很多创富机会。"想要通过创富手段提升自身的经济地位和社会地位，不要幻想一夜暴富，而是先给你的"穷人思维"来一次大"手术"。

以投资领域为例，常见的投资领域有股票、期货、贵重金属、债券、古董收藏、基金以及创业投资等等，其中很多项目更适合富人，但这并不意味着穷人不能参与，而是在入局之后要格外小心，避免掉入亏本的陷阱。

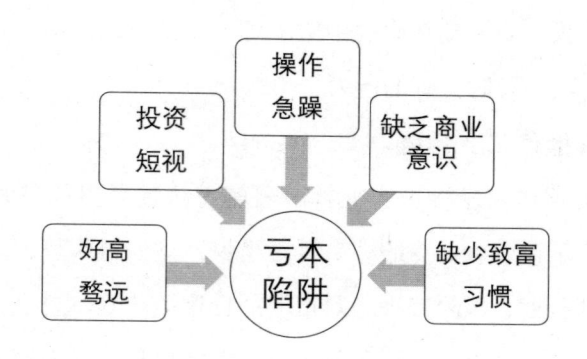

```
         操作
         急躁
投资            缺乏商业
短视            意识
         亏本
         陷阱
好高            缺少致富
骛远            习惯
```

错误操作一：短视。

当你的创富动机仅仅是因为"赚钱"二字时，你就难免陷入短视的陷阱，从而造成创富格局狭窄，无法对宏观环境进行理性的分析和冷静的判断：要么不会选择适合自己的投资项目，要么不知道何时收手、何时坚持。

在美国流传着一句话：美国人的钱在犹太人的口袋里。事实的确如此，每年福布斯富豪榜的前一百名中至少有一半是犹太人。然而犹太人的智商并没有特别之处，犹太人是得益于他们的创富思维，具体地讲就是眼界和格局。

犹太人在生意场上善于知彼知己，他们能够及时掌握市场的动向和消费者的需求，从而准确判断竞争对手，最终抢先占领市场。同时他们善于审时度势，能够及时抓住市场上一切有"利"可图的机会。当然对于多数普通人来说很难有操纵市场的机会，但你起码可以做到了解自己的投资项目以及相关的行业新闻，不要盲目跟投，更不要在仓促中做决定，在投资之前提高认知，拓宽思路，具备及时止损的能力。

错误操作二：急躁。

在美国作家赫什·舍夫林所著的《超越恐惧和贪婪》一书中，讲到了投资者要克服"贪婪与恐惧"这一对天敌，方法包括保持合理预期、风险管理、对市场的合理关注等。总之，当一个投资者避免被"急于变现"裹挟时，才能更加理性地做出正确的决策。

巴菲特之所以能够成为股神，是因为他对自己投资的企业有着足够的了解，他会几十年如一日地阅读投资对象的股票走势、财报以及行业新闻，在掌握大量信息的基础上才敢做出决策，这种耐心让他能够在股市发生波动时稳如泰山。同理，我们对自己投资的项目也要足够了解，不要急于变现，但这同时也暴露了作为投资者最不合格的一条——渴望稳定、害怕波动。如果你真的畏惧风险，那最好不要选择高风险的投资项目。

错误操作三：缺乏商业知识储备。

由于一些投资者只关心"赚钱"而对项目本身没有兴趣，这使他们不愿意学习相关的商业知识、积累相关行业信息。由此带来的恶果就是一叶障目、缺乏主动，甚至是凭主观好恶做决策，比如进货时没有把成本压缩到最低，出货时也没有考虑培养长期客户以及没有计算投资回报周期、不关注流动资金等一系列离谱的操作。

人们常说"在商言商"，既然扮演了投资者的角色，就要学习相关知识武装自己，基本的经济学原理可以了解一下，税法要学、营销要懂、财务管理也要粗通……这些学习任务确实有困难，但如果连这个门槛都没有迈进，那你只能成为市场竞争中被吃掉的小鱼。

错误操作四：好高骛远。

有些投资者看不上蝇头小利，这种好高骛远的心态很容易站在亏本的边缘。犹太人流传的一条赚钱法则是"即使1美元也要赚"，这句话不能简单理解为犹太人贪婪，而是只有在今天锻炼了赚1美元的能力，才有可能获得明天赚取10美元的资本。人的财富思维是随着经验不断积累的，任何人直接经手数千万的大项目就首战必胜是不现实的，只有积累经验、埋头摸索，才能在实战中不断提升眼界、格局和能力。

错误操作五：缺少致富习惯。

美国作家托马斯·科里用了整整 5 年时间，采访 233 名白手起家的富翁和 128 位穷人，以此来对比富人和穷人的生活轨迹，最终他发现富人与穷人很大的一个差异是"致富习惯"。调查显示，在每天 1440 分钟的时间里，大部分人在工作、睡觉和饮食上花费了 1200 分钟，而富人和穷人的关键性区别就在于剩下的短短 240 分钟：88% 的富人每天至少会阅读 30 分钟，通常阅读成功人士自传、个人修养或发展类书籍、历史类书籍，然而大多数普通人都在享受、娱乐。

真相很残酷，当你满脑子只想着"赚钱"时，就不会重视提升自己的技能，因此会在投资中暴露出知识、经验、格局等方面的短板，于是就会很容易落到穷人的队伍里。

造成穷人和富人思维差别的原因有很多，但它们最终都会指向创富的"动机"——你到底是先看到了产生钱的风口还是风口里被吹起的钱？这个视角的锁定将决定你之后的一系列抉择和操作。因此，**可怕的从来不是穷人的身份，而是穷人的思维，或许在起跑线之初，穷人和富人的差距也并不是那么不可跨越，但是思维拉开的差距会逐渐让穷人和富人形成的自我圈层在不断循环往复，最后就形成了财富层面的差距。**

石油大王洛克菲勒曾说："即使你们把我身上的衣服剥得精光，然后扔在撒哈拉沙漠的中心地带，但只要有一支商队从我身边路过，我就会成为一个新的百万富翁。"的确，只要思维产生差距，即便把富人和穷人放到相同的起跑线上，富人也依旧能领先穷人。因为富人不会用一个笼统的"赚钱"目标作为驱动力，他们首先看到的是商机，这背后又关联到时代的发展、行业的变迁、消费者的心态转变等多方面因素，他们抓住了这些关键要点，在创富路上完成富上加富的闭环。

2. 想要财富自由，先要打造"财富产房"

最近几年，"财富自由"一直是网友们津津乐道的话题。财富能够让人不受经济、物质条件的束缚，可以享受旅游自由，也可以享受购物自由，还可以给家人更优质的生活自由。然而，想要达到"财富自由"的状态，并不是只有一颗努力赚钱的心就足够了，也不完全取决于你是否足够努力，我们首先要拥有创造财富自由的"产房"——财商。

如果你有一个富爸爸。有一天他笑着对你说："现在我有两个方案给你钱，一个是一次性给你1亿元，另一个是今天给你1元，接下来连续30天每天都给你前一天2倍的钱。那么你想选哪个方案呢？"如果你毫不犹豫选了第一种方案，那么富爸爸会告诉你："其实选第二种方案，仅在第30天在就能拿5.36亿元。"相信很多人都会错误地选择第一种方案，因为他们对"1亿元"的敏感度要远高于"1元"，可正是这种对金钱的"朴素"认知，暴露了他们缺乏财商的事实。

财商本意是指"金融智商",能够反映一个人创造财富和驾驭财富的能力。财商和智商不同,它能够通过后天的自主学习有效地提升,而很多渴望财富自由却始终做不到的人,总是错误地认为自己赚不到钱就没机会锻炼财商,然而通过逆向思维我们会发现真相:因为你的财商不够才让你失去了赚钱的机会和手段。既然赚钱失败是对财商的培养不够造成的,下面我们就来看一下财商要如何培养。

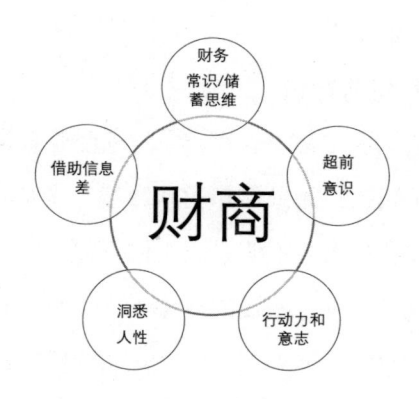

```
              财务
            常识/储
            蓄思维

  借助信息              超前
     差      财商      意识

            洞悉      行动力和
            人性        意志
```

第一,了解财务常识,建立储蓄思维。

不知道你是否听过"飞机效应"?人们通过在飞机不同座舱的观察能够发现如下差别:多数商务舱的乘客阅读杂志或者在笔记本电脑上工作,而经济舱的人往往会在玩游戏或者聊天。显然,不是位置影响行为,而是行为影响了位置,这就是学习力造成的财商落差。学习力就是提高财商思维的基础,在开启创富之路前,你需要了解基本的财务知识,比如会计、财务报表、税收、投资等方面的知识，这些都可以通过阅读书籍、参加课程以及听取财务专家的讲座等方式来学习，很多通过线上渠道就能免费完成，这对于你的财富思维会产生潜移默化的影响。

除了了解财务常识外，我们还需要建立储蓄思维，提高我们驾驭财富的能力，这里需要指出：很多人把储蓄看成一种穷人思维，这其实是一个谬误。要知道世界上所有的投资都是从储蓄开始的，资本的积累总需要一个渐进的过程，对于普通人来说启动资金恰恰需要依靠储蓄。

第二，培养超前意识。

商界有一个词叫"冰激凌哲学"，对创业者提出一个看似简单却含义深远的问题：如果你想卖冰激凌，是从夏天开始还是冬天开始呢？相信很多人会不假思索地回答夏天，的确，夏天购买冰激凌的人会更多，生意赔钱的概率大大降低。但问题在于，夏天过去之后你就享受不到季节的红利，很可能会败给竞争对手。因此，要想在一个行业立足长久，必须从冬天开始，因为冬天顾客不多，这就会迫使你想方设法降低成本、提高服务，而一个能够在冬天成功贩卖冰激凌的人更不用担心夏天的竞争对手了。

"冰激凌哲学"给我们的启示就是：培养超前意识。只有走在竞争对手行动之前，我们才有抢占市场的先机。

第三，掌握创富信息。

有一句流行语很有道理：你永远赚不到认知以外的钱。它点出了一个残酷的真相：你掌握的信息量和你的财富值是成正比的。有人因为信息差了解到某个爆款品牌鞋，最后通过囤货的方式赚了上百万，这就是对制鞋业、时尚圈释放出的有价值信息而做出的投资决策。听上去，这种利用信息差赚钱的方式很容易，但这需要你时刻保持着对外界信息的接纳程度，你不能惯性地守在自己的小圈子里，而是要主动挖掘更多的信息渠道，可以通过加入各种社群、和消息灵通人士交流、关注重磅新闻等方式拓展认知渠道。

第四，强化行动力和创富意志。

2023年，"脸基尼"防晒头套火爆出圈。"脸基尼"是2004年青岛大姨张式范发明并逐步改进的。她设计脸基尼的初衷是防晒和防海蜇蜇伤，然而随着使用者增多和关注度增加，张式范抓住这个机会不断对产品的设计进行改进。由她设计的脸基尼不仅登上了巴黎、纽约等国际时装周，连时尚明星蕾哈娜也戴上拍摄大片，成为代表中国的文化符号。

这个时代缺少的不是机遇，而是行动。一些封闭的农村，有人通过直播带动全村的农产品销售，他们不见得掌握了多么超前的致富信息，而是敢于行动。他们的创富意志迫使自己不断探索甚至冒险前进。另外不能忽视的是，有些机遇稍纵即逝，当你还在小心谨慎地分析风险和产出时，风口可能已经过去了。

第五，了解人性需求。

生意的本质是人性需求的交易。市面上很多消费品都是商家主动创造出来的，他们会通过创造一个使用场景让消费者动心，由此赚得盆满钵满。

1991年，一名台湾商人在火车上泡了一碗泡面。一瞬间，香喷喷的味道引起整个车厢围观，因为当时的大陆还从未有人见过用开水就能制作的泡面。于是，这位商人意识到大陆存在着一个巨大的泡面市场，最后他创办了一个知名泡面品牌——康师傅，这位商人叫魏应行。

泡面是不是生活必需品呢？显然不是，面包、饼干乃至馒头都能在一定程度上替代它，但能够吃着热面条、喝着香面汤的快感，明显要胜于口感干巴巴的面包、饼干和馒头。锁定了消费者的这个需求之后，泡面就在无形中成了不少人的必需品。或许你并不需要成为开拓一块市场的创业者，但你至少要了解你投资的项目到底是满足了消费者的哪些需求，才有可能从中发现商机。

财商的养成当然远不止上述五条，它既是一个内容深刻的话题，也是一个近在眼前的话题，你可以从宏观层面规划你的投资目标，也可以从微观层面学会算计零花钱，只要当你形成一种类本能的意识之后，你才有机会走向终点站——财富自由。

3. 打工人的扎心真理：越穷越忙，越忙越穷

网上曾报道过一则新闻：不少大学生从大一进校之后就开始寻找实习机会，大一、大二的简历投递率从 13.5% 飙升到 26.4%（2022 年数据）且仍有增加趋势，不少人感叹年轻人竟然如此拼命。可是更让人唏嘘的是，一些人从高中毕业后开始找工作，有的甚至更换的职业超过了 20 份，每天工作时间长达 12 个小时以上，收入却依然少得可怜，甚至连房租都付不起。于是，一个直击灵魂的问题出现了：为什么有些人陷入越忙越穷的困境中了呢？

美国女作家芭芭拉·艾伦瑞克为了弄清这个问题，主动断绝和所有亲人朋友的联系，身上仅仅带着 1000 美金，不依靠学历去找工作，结果只能应聘一些服务员、清洁工之类的低收入工作。虽然她也渴望摆脱贫困，却发现自己陷入一个可悲的循环中：因为没钱只能住在偏远地带，而住在偏远地带就要耗费大量的通勤时间，由于可支配的时间变少就失去了提升自我的时间，

最终只能陷入越忙越穷、越穷越忙的状态中。

或许曾经有人告诉过你：只要足够努力就不会被淘汰。然而上述残酷的事实告诉我们，不要用顺向思维去看待这个问题：因为我足够忙，所以就能产出更多成果。相反，我们应该用逆向思维：正因为你缺少产出成果的能力，所以才终日忙碌且没钱。

当方向错误、能力过低、思维落后时，你越是努力就距离目标越远。这和我们的财富思维有关。

没有学历作为原始起点。

这个悲哀对应的是"自我投资"的不足。在你一门心思寻找适合自己的投资项目前，首先应该投资的是你自己。和其他高风险、高投入的项目相比，教育已经算是最有性价比的投资了。只要你能安下心去学习一门技能，纵然无法成为高手，也总好过门外汉。可惜的是，很多人并没有意识到这一点。他们一方面出于懒惰不愿意把宝贵的休息时间用来学习，另一方面仍然受到"读书无用论"的影响，认为创富和学历没有必然关系，于是在一头扎进社会后往往只能从事最基础的工作，经过一段时间的无效奋斗后才发现一份体面、轻松、收入高的工作是那么遥不可及，因为对绝大多数企业来说，筛选简历是最快的鉴别人才的方法。

"股神"巴菲特曾经在演讲中说："**最好的投资，就是投资你自己。**"在他看来，"没有人能够夺走你自己内在的东西，每个人都有自己尚未使用的潜力"。事实的确如此，不管你瞄准的是哪个领域，它们都可能在你意料之外发生各种震荡。比如房产经济会有泡沫，汽车技术会日益迭代……相比之下，唯一可靠的投资就是先让自己拥有一张闪亮的名片，所以我们要把"投资能力"当成一个长线项目去做。

几年前，网络上流出一位唐山收费站的女员工在面对失业时的崩溃大喊："我36岁了，也学不了什么东西了，除了收费我什么都不会！"在同情她的人生际遇之时，我们也应该反思：为什么她不能未雨绸缪地多掌握一门技能呢。

接受教育是投资能力的核心途径，正如本杰明·富兰克林所说："倾囊求知，无人能夺。投资知识，得益最多。"在时代变化节奏加快的当下，没有永远靠谱的投资项目，更没有永远稳定的工作，只有能力是相对不变的。想要避免"穷忙"的窘境，你就要跟着时代一同进步。

受制于"稀缺思维"。

美国经济学者塞德希尔·穆来纳森在其所著的《稀缺》一书中，论述了稀缺是如何大量占据我们的注意力，从而使我们不断陷于忙碌和贫穷当中。稀缺思维是指一个人长期处在物质匮乏的环境中会变得短视，只注重眼前事物，无法承担获得长远收益的投资的思维方式。当你整日为柴米油盐奔波的时候，你根本无暇关注新能源的发展，计较一斤黄瓜能否再便宜一些就已经耗尽了你的精力，这样的你自然就失去了创富思考的机会。

当然，这种状态并非不能改变，其转折点就是从解决稀缺思维入手。

不少人在忙碌状态之余，通过娱乐来获得对生活的满足感和慰藉自我的快感，之所以这样做是它"见效很快"，但从长远来看则是致命的，从而让"奶头乐效应"①发挥作用。那么，这时我们要学会像富人那样思考，把有限的资金用在改变困境方面，这里很重要的一点就是投资关系。

当你身边的人都在闲暇时刷短视频、当你身边的人都拉着你去便宜的购物网站拼购时，你的脑子自然只会考虑着如何节流以及如何及时行乐，要改变这一切，你就要拓展你的人脉，和那些自主学习技能、有一定投资经验、富有冒险和开拓精神之类的人接触。他们可能不会直接给你带来任何商机，却有可能帮助你在技能提升、信息获取等方面有所突破，而那些有冒险精神的人，很可能就是你未来的合作伙伴。

一个名叫萨利文的阿拉伯人，本来身无分文，却通过结交名人赚得了百万家财。首先，他费尽心思搜集了一些名人照片，然后再找这些名人签字，接着带上签字的照片登门造访工商业巨子等社会名流，请求他们在自己编写的《世界名人录》上签上名字。被萨利文拜访的这些名流看到其中有名人的照片和签名，多

---

① 奶头乐效应由美国前总统国家安全事务助理布热津斯基提出，是指精英们为了安慰社会中"被遗弃"的人，通过令人沉迷的消遣娱乐和充满感官刺激的产品填满人们的生活，此处泛化其定义，可理解为"玩物丧志""不思进取"。

数人也都心甘情愿地签下了名字并提供照片，还毫不吝惜付给萨利文一笔可观的现金作为报酬。萨利文制作的签名簿出版成本，每本差不多是一两美元，而名流所给的报酬往往高达千元美金。就这样，萨利文耗费六年时间，旅行九十六个国家，提供给他照片和签名的名流超过两万人，他的收入总计大约500万美元。

萨利文的致富之道就是将名人当成自己的人脉，再将其他名人依靠现有的人脉纳入更庞大的人脉体系，结果大获成功，这就是经济学中常说的"杠杆效应"①。现实生活中，当你像萨利文那样找到一个能够帮你撬动杠杆的人，对方就有可能为你的破局之路背书，让你有机会接触到层次更高的人或者更高层级的平台，从而形成"人脉杠杆效应"。

稀缺思维会让你陷入"贫穷的死循环"，但更可怕的是，同样具有稀缺思维的人，会让你接受"贫穷的死循环"式的生活，所以我们要从改善社交生态做起，从意识层面摆脱穷忙的人生。

人生是一个不断寻找自我定位的过程，在探索阶段我们陷入忙的状态是正常的，但如果一直让忙碌成为你人生状态的关键词，那就说明你没有找到正确的方向和目标，这时就不要再盲动式地前进，而是应该停下脚步，冷静地思考一个问题：究竟是平庸造成了忙碌还是忙碌造成了平庸？

---

① 杠杆效应原指通过借入资金来扩大投资规模，投资者可以获得更高的回报，这里泛指借助人脉获得回报。

4. 富人在想什么？把蛋糕做大

如果给你一道选择题会怎么选呢？选项一：直接拿到 200 万。选项二：有 50% 的概率拿到 1 亿元。

相信有不少人会选择直接拿到 200 万，毕竟这不需要承担任何风险。200 万虽然谈不上是巨款，但也足够做点小生意或者在二三线城市买一套房了。但是，这真的是最佳选择吗？

如果换成是富人做选择，他们大概率是不会选择 200 万的，因为和 1 个亿相比它价值较低，具有投资意识和冒险精神的人会倾向于选项二。另外，这个选择题还可以有多种玩法，比如你可以把选项二的机会以高于 200 万元的价格卖给其他人，或者也可以低于 200 万的价格卖出去，但对方中了 1 个亿后，你还可以从中收取 20% 的抽成。总之，你不要把选项一当成唯一的选择，那是不懂变通的穷人思维。

穷人思维的核心特征是力求稳妥，在面对风险时的态度比较消极，而富人会更敢于直面风险以求得回报的最大化。或许有人会说：是因为我穷，所以我才选择规避风险。其实你应该用逆向思维去认清真相：是因为你不敢追求回报最大化，所以才错失了创富机会。

东欧某国的一座城市新建了一条公路，一位犹太商人和一位美国商人都发现了商机，于是分别在城北和城南各自开了一家修车店。起初生意都很不错，但是过了一段时间，犹太商人在修车店旁边开了一家餐馆，生意火爆。后来，城南的车流量和人流量越来越多，犹太商人看到后又建造了超市、公园和学校，让城南出现了生机勃勃的社区，房地产开始增值，犹太商人名下的产业也都开始价值飙升，然而和他同期入场的美国商人还是只拥有一家修车店。

绝大多数富人，每天都在思考的问题是如何把蛋糕做大。那么作为普通人的我们，如何培养这种富人思维呢？

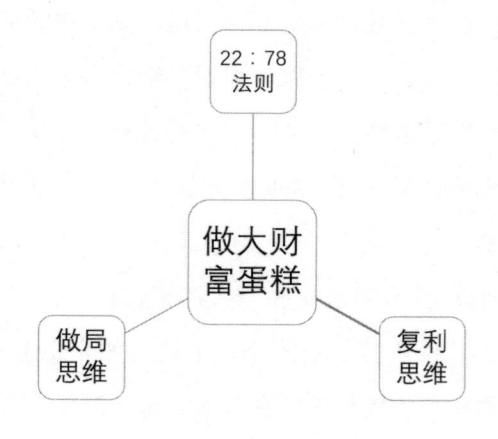

```
        22∶78
         法则
           │
      ┌────┴────┐
      │ 做大财  │
      │ 富蛋糕  │
      └────┬────┘
      ┌────┴────┐
   做局思维    复利思维
```

方法一：22∶78 法则。

22∶78 法则是犹太人信奉的永恒法则，他们认为，自然界中氮与氧的比例是 22∶78；而人体中水和其他成分的重量之比也是 22∶78；那么在社会中富人与普通人的数量比例也是 22∶78，但相对应的财富之比却是 78∶22。因此犹太人坚信，"名贵的商品都是给财主们准备的"。

无论你是独自创业，还是想在工作之余开辟第二职业，优先瞄准富人都是最明智的选择，因为富人对应的是"高价值区"，而普通人对应的则是"低价值区"。很多做过电商的人都有相似的体验：往往低价的产品交易纠纷会更多，因为买家对价格更为敏感，对产品的性价比也更为看重，一旦有不让他们满意的地方，他们就会吹毛求疵。

在美国曼哈顿的第五大街上，每逢圣诞节来临都会出现一个购物高潮，因此大多数的商店都会出现人满为患的情况。然而有一家商店重门深锁，里面的顾客少得可怜，这家店就是大名鼎鼎的毕坚。之所以顾客稀少，是因为这里随便一套衣服都要卖 2000 多美元，一瓶香水往往是 1500 美元起步，因此每次只要招待几位顾客就足够了。

如今有越来越多的企业和个人都把目标锁定在了那 22% 的有钱人身上。曾经主打低端的小米手机，如今也主攻高端人群，这是因为普通用户的换机欲望和购买力都下降了，同理，现在不少培训机构的课程顾问也愿意花更多的精力主攻"钻石顾客"，因为只要拿下一个就收入颇丰，是普通用户无法比拟的。

很多人不敢去赚富人的钱，主要还是对风险过于敏感，总想着依靠薄利多销取胜。这条路当然也不乏成功者，但往往会付出更多的时间和精力成本去铺路。事实上，我们去看各行各业的营收情况，永远都是造汽车的赚得比造自行车的更多，永远都是做金融的比卖大米的赚得更多。只有把蛋糕做大，你才有机会进入那条精英林立、黄金遍地的"22%"的高速路，才有机会实现阶层跃迁。

方法二：做局思维。

做局思维就是"运筹帷幄之中，决胜千里之外"的灵活运用。做局的目的只有一个，那就是把复杂的问题从全局的角度简单化，然后把简单的问题步骤化、程序化以及系统化。换个说法就是通过对现有的各种资源进行巧妙的整合，最终设计出一套有利于自己的方案或者一个开局，为最终的成功创造条件。

如果你只是一个普通的打工人，可能想的就是找一份收入尽可能高的工作，能养活自己再存点钱就可以了。但是在当前的经济形势下，养活自己或许没问题，但是想要赚到足够多的钱就不易实现。相反，如果有做局思维的话，那就是合理利用你掌握的技能、人脉和机会去赚钱。

在犹太人的经商圣经《塔木德》中有这样一个故事：

瑞德从小父母双亡与奶奶相依为命，奶奶担心自己老去后瑞德没有赚钱的技能，就吩咐他出去锻炼一下。瑞德按照奶奶的吩咐，先是来到一家雨伞厂，告知老板自己要订5万把雨伞，老板报价5美元一把，瑞德则对老板说："隔壁是4美元一把，你这价格我们无法合作。"眼看着瑞德要走，老板急忙报价3美元，瑞德则表示自己可以订10万把但有一个条件：雨伞上的内容要自己定，老板同意了。随后，瑞德又来到了一家广告公司，找到负责人说："我有一个10万人次的广告位，你们要打广告的话我只收3美元一条。"这个价格当即让负责人动心了，二人签订协议后，瑞德拿到了30万美元的广告费，随后他付钱给雨伞厂老板，按照广告公司给出的广告海报开始赶制雨伞。然而瑞德并没有就此收手，他找到三家生意惨淡的商场，跟三家老板们商议搞促销送礼品活动，将10万把雨伞低价卖了出去。最终，瑞德一分钱没花，却通过雨伞厂、广告商、商场三方运作赚得盆满钵满。

瑞德巧妙地在雨伞厂、广告商和商场三方之间周旋，合理安排，充分做局，最终达到了目标，而且这个做局的方案并不是以损人利己为代价的，而是以三方合作共赢为圆满结局的，这就为他们的后续合作奠定了基础。

方法三：复利思维。

爱因斯坦认为"复利"是世界的第八大奇迹，即通过滚雪球、利滚利的方式，让资产倍增。当我们善于依靠复利思维的时候，就能让自己源源不断地获取财富。从企业的角度看，复利思维就是不断地让用户产生价值：卖给用户一套净化器，然后再向他们推销可更换的滤芯，增强用户的消费黏性。同理，个人创业也可以借鉴这种思路，你可以通过一个社群来推销农副产品，然后再贴心地推出送货上门的增值服务，解决买家搬运难的痛点，同时还可以增加冷链配送，满足对品质有更高需求的买家。只要你认真发掘用户需求，就可以借助复利思维把蛋糕做大。

复利思维要经过一个过渡期，在这个阶段你的财富增长速度是比较缓慢的，所以你要沉住气。有人曾经计算过，巴菲特一生中 99% 的财富都是他 50 岁之后获得的，也就是说在巴菲特 50 岁之前，他和很多中产阶级没有明显的财富差距，直到他在复利思维的影响下开始"滚雪球"的时候才进入了财富爆炸的阶段。

普通人没有做大蛋糕的机会，是因为他们骨子里只愿意当零风险的棋子，而善于把蛋糕做大的富人更喜欢棋手。同理，普通人更在乎在棋盘上一子一步的得失，而富人更关心的是整个棋盘的布局。你究竟想成为操纵棋路走向的决策者，还是那个任人摆布的执行者呢？

5. KPI 在哪里，财富的上限就在哪里

多年以前有一句广为流传的广告词叫"心有多大，舞台就有多大"，这句话激励了不少人。不过，随着佛系、躺平等观念被一些年轻人接受后，"心有多大"似乎变成了一种精神内耗，是自己给自己设定一个高难度的 KPI，于是一些人就不再聚焦"远大目标"而是回归眼前了。

然而，一些人虽然放弃了目标，却并没有放弃对财富自由的渴望，他们心里想着赚大钱，却总是不断碰壁，最后发现梦难成真。那么问题究竟出在哪里呢？如果用顺向思维你会得出这样的结论：因为我能力有限，所以成果低于目标。其实逆向思维才会给你真相：是因为你的目标太模糊，所以限制了你的能力。

很多人在创富之路上并没有给自己设立明确的目标，往往只是一个笼统的、不足以产生驱动力的模糊目标，因此才未能对你产生足够强大的驱动力，这就是缺乏目标管理造成的。

20 世纪 50 年代，美国管理学家德鲁克提出了"目标管理"这

个概念，被称为"管理中的管理"，它的核心内容主要包含两个方面：一是强调达到目标，实现工作成果；另一个是发挥人的作用，强调员工自主参与目标的制定、实施、控制、检查和评价。对于创造财富而言，目标管理就是明确你以什么领域、方式和进度来完成财富的积累，如果失去了以目标为统筹和驱动，就失去了淘金的铲子。

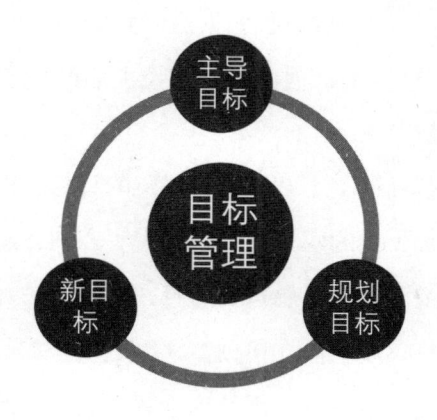

```
         主导
         目标

              目标
              管理

   新目           规划
    标           目标
```

第一，拥有主导目标。

正如前文所说，创富的目标不能锁定在"赚钱"这种抽象、笼统的范围内，它并不会给你提供一个从现实出发的主导目标，反而会让你在面对多种选择时茫然无措。主导目标必定是一个明确的、可分析的、可执行的目标，它会统领着其他的目标，能够让你聚集注意力。

1952年7月4日，美国加利福尼亚的海岸，一位54岁的妇女跳进冰冷的太平洋，她的目标是游到对面的加州海岸，只要成功,她就是第一个游过海峡的女性。然而当她在游泳的过程时手脚发麻,海雾浓厚,让她根本看不清身边护送自己的船只,甚至还有鲨鱼向她游来。就在这时,她的母亲和教练在船上鼓励她不要放弃,然而身心疲惫的她最终坚持不下去了,经过十五个小时的努力还是让人们把她拉上了船。事后记者采访她的时候,她说:"我不是为自己找借口,如果当时我能看见陆地,也许我就能坚持下来。"事实上,这位妇女被拉上船的地点距离加州海岸仅剩下不到一公里。

这位妇女曾经建立了"游到对岸"的目标,但是在执行的过程中,海雾遮蔽了她的双眼,让她迷失了方向,忽而为了躲避鲨鱼乱游一气,忽而为了上船盲目转身,丢掉了"加州海岸"这个主导目标,最终挑战失败。在创富之路上也是如此,你不确定自己要在哪个领域创造财富,那就等于看不到对面的加州海岸,很容易就会失去向前拼搏的动力。

第二,持续设定新目标。

很多企业每年都会设置不同的KPI,这是根据企业自身的发展和市场状况来调解的,人在追求财富的过程中也该如此,因为随着经验和财富的不断积累,你的能力也会提升,之前驱动你的目标很可能不再对你产生诱惑甚至会限制才能的发挥,这时就需要持续寻找新的目标。正如美国畅销书《人生的支柱》中所说:"每个人都是目标的追求者,一旦达到目标,第二天就必须为未来的第二个目标动身起程……人生就是要我们起跑、飞奔，不断规划未来，全力以赴。"

英国有一位残疾青年患有腿部慢性肌肉萎缩症，然而他还是凭借顽强的毅力创造了很多壮举：19岁登上了珠穆朗玛峰，21岁征服了阿尔卑斯山，22岁登上了乞力马扎罗山……然而，就是这样一个意志力超级强大的人，却在生命最辉煌的时候放弃了自己的生命。后来，人们从他的遗嘱中得知了真相：他父母在他11岁时攀登乞力马扎罗山的时候双双遇难，父母在临行前给他留下征服世界上的著名高山的遗嘱，因此他才有了奋斗的目标，但是在他28岁时已经无山可攀，人生失去了方向，最终放弃了自己的生命。

虽然这个故事带有一定的传奇色彩，但在现实中的确存在类似情况：没有设定新的目标，人就会本能地守在功劳簿上吃老本，结果不仅没有机会创造新的成绩，反而将之前的奋斗成果消耗殆尽。

第三，合理规划目标。

目标的设定需要经过认真筹划，比如不能脱离实际，再比如要设定短期和长远目标。以创富为例，我们一开始设定的目标可能只是满足温饱需求，接下来才是满足更高的物质需求以及绝对的财富自由,既不能脱离现实情况,也需要根据马斯洛的需求理论逐级增高,是一个循序渐进的过程。

  哈佛大学做过一个有关目标和人生的调查,调查的对象是一些智力、学历、生活环境相近的年轻人,其中27%的人没有目标,60%的人目标比较模糊,只有10%的人有着清晰的短期目标,而剩下的3%的人有十分清晰的长期目标。历经25年的跟踪调查最后发现:3%的人成为社会各界的顶尖成功者,其中很多人还是行业领袖,而那10%的人大部分成了中产阶级,他们的短期目标不断被达成,成为行业中不可或缺的专业人士,如律师、医生等,而那60%的人,大部分都生活在社会的中下层面,他们能够安稳地生活和工作,却没有什么突出的成就,至于那27%的人,基本上都是社会最底层,他们经常失业,还依靠政府的救济过生活,并将心中的怨气撒在社会和他人身上。

  对目标的不同规划造就了千姿百态的人生,这是人与人之间的差别,也是部分人的悲剧。**我们始终要明白:目标既是支持我们实现自身追求的伟大精神力量,也是我们不断获取进步的动力源泉。**一个人想要成大事、赚大钱,必然离不开一个足以激发你斗志的目标,特别是当你身处逆境之时,它能够赋予你足够的正能量,让你充满勇气和智慧地走向成功。

第八章

摆正心态指针，开启积极人生

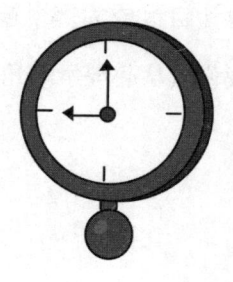

1. 每天扮演情绪稳定的成年人

有句话说,成年人的崩溃或许就在一瞬间。如今我们每一个人,都无时无刻不在面对着生活和工作的多重压力,成年人的世界没有"容易"二字,但是我们如果顺着情绪来决定行为,那每天都可能在各种失控中度过,所以我们要尝试用逆向思维去认识这个问题:不是因为你遭遇不幸才容易情绪失控,而是你不会控制情绪才让你处处不顺。

人生路上总有诸多不顺,一个不会控制情绪的人,或许会遭遇不止一次的崩溃,只有保持良好心态,学会稳定情绪,才能避免让自己成为那个被大众同情但又充满唏嘘的新闻主角。下面,我们就从心理学的角度看看有哪些办法。

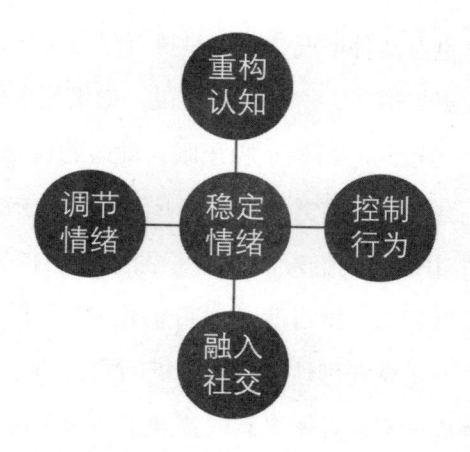

```
        重构
        认知
         |
调节 — 稳定 — 控制
情绪   情绪   行为
         |
        融入
        社交
```

方法一：重构认知。

重构认知是指通过改变个人思维来控制情绪，用积极的思维来纠正消极的思维，也就是在事实不变的前提下修正你对事物的看法，从而减少负面情绪对你的不良干扰。

一位美国男孩准备服兵役，当他想到自己将要进入陌生环境就寝食难安，便把苦恼告诉给了祖父。祖父告诉他，在美国服兵役无非有两种情况，一种在国内，另一种在国外，有一半的可能是分在国内，而在国内服役和度假基本没有差别。男孩仍然悲观地表示自己会有50%的概率被分到国外，于是祖父继续说，安排到国外也有两种可能，一种是分到和平的国家，另一种是分到战乱的国家。男孩一听更害怕了，他担心自己被分到战乱的国家。这时祖父继续说，战乱的国家也分两种情况，一种是做内勤，另一种是做外勤，做内勤就会很安全。男孩担心自己被分到外勤，祖父表示外勤也有两种情况：一种是执行任务负伤，另一种是战友负伤。男孩更害怕了，这时祖父又说，如果受重伤，无非活下来或者死去。男孩的心提到了嗓子眼，此时祖父语重心长地说，如果死了就不会有任何感觉了。男孩听到这里终于放宽了心。

同样一件事，在我们没有刻意歪曲它的前提下，只要以合理、恰当的角度切入，就可能得到完全不同的分析结果，这并不是自欺欺人，而是站在理性视角去分析问题，消除负面情绪。很多人整日被焦虑所累，并不是真的遭遇了多大创伤，而是杞人忧天罢了。

方法二：调节情绪。

调节情绪是通过调整身体的反应来达到控制情绪的目的，比如当我们感到愤怒或者焦虑时，可以尝试采用深呼吸、转移注意力等方式让身体放松，帮助我们更好地应对负面情绪。

美国经营心理学家欧廉·尤里斯分享了一个让人平静的三项法则："首先降低声音，继而放慢语速，最后挺直身体。"降低声音和放慢语速能够缓解情绪，挺直身体能在一定程度上缓解紧张的气氛，因为人在生气的时候身体容易向前倾，也就更容易靠近别人，产生紧张感。所以我们要规避这些本能的动作，让自己处于冷静平和的状态中，因为负面情绪不仅危害身体，更会影响心智，所以我们要通过健康的方式去管理情绪。

北宋宰相富弼年轻时遇到一个口出狂言的穷秀才，秀才问富弼，如果别人骂他该怎么办？富弼说他会装作听不见，秀才认为富弼肚子里没有什么学问，对他嘲笑一番就走开了，然而富弼却不以为意，仆人问他为何不还嘴，富弼说和这只为逞一时口舌之快的人辩论没什么意义，闹不好还会被对方记仇。后来富弼逛街时又遇到这位秀才，他主动和秀才打招呼，秀才骂他是乌龟，富弼依然不予理睬，还说秀才骂的不是他，毕竟天下同名的人太多了。富弼对秀才的退让，让他在民间和文化圈子里收获了好名声、好形象和好人缘，为他日后的出人头地创造了条件。

面对秀才的挑衅，富弼真的一点不生气吗？恐怕不会，但是他懂得管理情绪，更懂得自己的一言一行对个人声望的影响，以及秀才骂他只不过是站的立场、角度不同罢了，过于计较反而会徒增自己的烦恼，所以他通过调整情绪化解了与对方结怨的危机，给日后的人生铺平了道路。

方法三：控制行为。

控制行为是通过改变个人的行为来达到控制情绪的目的，当我们产生负面情绪后，可以通过行为约束来避免自己做出格的事情，比如不要急着和冲突一方见面、不要急着给友人打电话吐槽泄愤等，而是要尽量分散注意力，比如看书或者听音乐让情绪放松。

在控制行为方面，美国开国元勋本杰明·富兰克林堪称典范，他在年轻时就给自己设定了一个目标：克服所有坏性格倾向，然后就列出了13个性格的修炼计划，其中包括节制、守秩序、勤俭、真诚等，严格控制自己的行为并且每天晚上都要自省，如果犯了一种错误就在对应的栏目里记下一个黑点。经过不懈的坚持，他终于成了自己想要成为的人：虽然不是完人，却没有了明显的性格缺陷。

爱因斯坦说过："优秀的性格和钢铁般的意志，比智慧和博学更为重要，智力上的成就在很大程度上依赖于性格的伟大，这一点往往超出人们通常的认识。"当我们善于控制自己行为的时候，也就会养成一个良好的性格，它会让我们以良好的心态去开拓人生。

方法四：融入社交。

社交支持是通过和他人交流来控制情绪，比如当我们感到失落时，可以和身边的朋友或家人交流，以此来减少负面情绪的干扰。在这个世界上，我们和身边人的关系是一种价值体现，当我们产生负面情绪时，通过他人的帮助往往能更快地走出来，因为对方可以站在更客观和理性的视角帮助我们分析问题，也能给予心灵上的安慰。

国外有一个女记者、作家叫贝姬·布兰顿,她在父亲去世后遭受了严重的打击,决定辞职去旅行。她驾驶着一辆雪佛兰车开始了一场冒险之旅。她需要在旅途中赚钱,需要克服各种恶劣的天气,需要忍受食物腐败,需要面对没有公寓和厕所灯等诸多不便。这种看上去很潇洒的旅行并没有让她产生成就感,反而陷入严重的抑郁状态,甚至差一点自杀。最后她放弃了这种脱离了社会关系的生活,回到田纳西州。虽然部分时间用于写作,但她只要有空就会去朋友家中进行正常的社交生活,她感慨地说:"我又成了一名新闻记者,我得了奖,住在我自己的公寓里,我不再无家可归,我也不再被无视。"

布兰顿的自我放逐,就是脱离了社会支持对她负面情绪的矫正作用,反而加剧了她内心的孤独感和失落感,所以当我们需要调节情绪的时候,也要学会和他人保持正常的社交关系,这样才有助于保持健康的心态。

哈佛大学心理学博士丹尼尔·戈尔曼曾经写出了《情感智商》一书,然而他写书的初衷不是探讨深奥的心理学,而是本着对年轻一代的深度关怀。在他看来,**当今社会危机四伏,年轻人面对的诱惑和承受的压力超过以往任何一个时代,因此**

大家要学会控制情绪的正确方法,从而更好地应对生活中的各种**挑战**。毕竟,你的痛苦别人无法感同身受,只有你才有能力治愈自己。

2. 对自己忠诚是好心态的基本盘

国外有一个叫罗斯的小女孩，一天上课时，老师让大家把自己的理想写出来，罗斯的理想是拥有一个属于自己的豪华农场，还画了一张农场的设计图。结果老师批评罗斯是在做白日梦，毕竟建农场需要一笔很大的开销，而罗斯既没钱又没家庭背景，怎么可能实现这个愿望呢。可是罗斯却很认真地将自己的梦想描述出来并且确定了不同阶段的目标，之后她就朝着这个目标努力。多年以后，罗斯终于拥有了属于自己的豪华农场，她还邀请那位老师亲自参观。

人在短暂的一生中究竟怎样去活，这是一个所有人都要面对的终极命题，很多人自知能力一般、运气一般，于是就采用顺向思维思考："既然我不够优秀，那我可以去模仿比我优秀的人。然而，不论你模仿的最终结果如何，你所做的不过是在消灭自己而成了别人，你就把心中那个叫罗斯的小女孩'杀死'了。"

心灵导师卡耐基曾说："一个人想搜集他人所有的优点于一

身，是最愚蠢、最荒谬的行为。"一旦我们活成了别人的样子，我们的人生还有什么独特的意义呢？所以这个问题我们应该逆向思考：正因为我们忠于自己身上的独特之处，我们才有机会变得优秀。

忠于自我是一种人生态度，它能够持续为自己赋能。

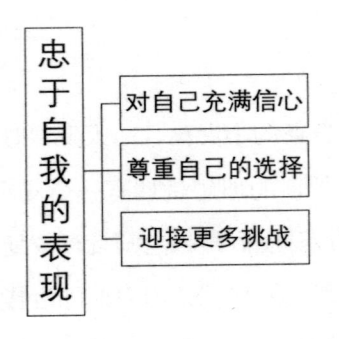

```
                    ┌─ 对自己充满信心
     忠于自我的表现 ─┼─ 尊重自己的选择
                    └─ 迎接更多挑战
```

第一，对自己充满自信。

德国诗人赫尔曼·黑塞曾说："对每个人而言，真正的职责只有一个——找到自我。然后在心中坚守其一生，全心全意、永不停息。"找到自我的目的是什么呢？对自己产生信心。

在心理学中，自信是指个体对自身成功应对特定情境的能力的估价，它原本是描述人在社会适应中的一种自然心境，从逻辑上讲具有一定的盲目性，想要避免这种盲目性，就要通过"找到自我"来校对。

雷海是一名外卖小哥，他从事着枯燥乏味的送餐工作，却没有忘记内心所爱——诗词。为此，他充分利用全部空余时间去阅读诗词。由于经济收入有限，他不可能把喜欢的书都买下来，于是就拼命地背诵，实在记不住诗词，还会特意跑到书店将其抄录下来。在往返书店的过程中，雷海背诵了上千首诗词。最终，他在2018年央视《中国诗词大会第三季》中获得总冠军。雷海在对诗词的日积月累中逐渐建立起自信心，这他有莫大的勇气登上央视的舞台，绽放了精彩的人生。

第二，尊重自己的选择。

作家周国平曾说："幸福，不是活成别人那样，而是能够听从自己内心去生活。"一个忠于自我的人，必然会把生活过成自己想要的样子。

"选择"是心理学的研究课题之一，心理学家勒温将选择分为双趋冲突、双避冲突以及趋避冲突三种，即两个都很诱惑的选择、两个都很有害的选择以及两个好坏各占一半的选择。在现实生活中，能够做好选择的人并不多，是因为选择中的利害关系有时候很难量化，加上人的贪婪和恐惧就会犯错。对此，勒温给出了一个最好的解决方案：增强独立性，因为独立性强的人更加理性，能够在周密的思考中做出最符合客观实际的选择，而独立性的重要前提就是忠于自己、相信自己的选择，不受他人的影响。

尊重自己的选择需要无上的勇气，不盲从他人更需要冷静和坚定，当他人随波逐流之际，能否坚定地做出选择就决定了你未来的人生。

第三，让自己迎接更多挑战。

想要成就一番事业，既需要一个明确的目标作为指引，也需要理想化的激情来驱动，而一个不忠于内心的人是很难获得这种激情的。

励志演说家莱斯·布朗说："生命没有极限，除非你自己设置。"自我设限是成长中最大的阻碍，虽然从心理防御的角度看，自我设限具有一定的自我保护作用，让我们避开那些充满风险的事情，但同时也会抑制我们的潜能发挥，困死在自己设定的框架内，成为精神上的逃避者。

雷军在上大学时就决定要创办一家伟大的公司，而他的同学中也不乏类似想法的人，区别在于雷军是真的坚定地去做，其他人则是在碰了一次壁之后决定接受现实选择放弃。2004年，经营不善的雷军将卓越网忍痛卖给了亚马逊，这对他来说就像失去了孩子，他也为此产生了严重的动摇和迷茫，后来的事情我们都知道了，雷军从挫折的阴影中走出来，在2010年创办了小米，历经重重挑战后成了中国互联网巨头之一。

只有忠于自我的人，才会对理想释放出足够的热情，才会在泥泞不堪之时依然不辜负前程，最终也不辜负自己。**找到自我的真正意义不是找到我们所处的位置，而是找到前行的方向，找到我们为之奋斗的靶心。**

俞敏洪曾说："山丘外，并不一定有人等候，但你一定不会再把自己搞丢。"对每个人来说，想要活得精彩，首先要活得清醒，而活得清醒的前提就是忠于自己，只有坚守住初心，我们才有机会沿着我们自己选定的道路越过山丘，去见世间繁华，最终获得一个满意的归宿。

3. 拓展心态宽度：越谨慎越会一无所有

一座寺庙里住着两个和尚，当他们读完了庙里的经书之后，其中一个和尚准备去南海学习佛法，只带上一个水瓶和一只碗就够了。另一个和尚却表示反对："这点东西怎么够用？万一路上下雨呢？万一你的鞋子磨破了呢？万一没遇到人家怎么化斋？我就因为考虑这么全面，才一直没有去南海！"结果，这个准备去南海的和尚真的只带着水瓶和碗上路了，过了几年，他带着经书从南海归来，把自己在路上的所见所闻全都讲给留守的和尚听，对方这才意识到，因为自己顾虑太多阻断了自己的修行之路。

虽然这个故事的真实性有待推敲，但很多人都能在这两个和尚身上找到自己的影子，有人勇敢开拓，有人小心翼翼。当然客观地讲，小心谨慎并没有错，然而现实的情况是很多人谨慎过度甚至因为过于谨慎而放弃开拓。

从心理学的角度看，过度谨慎其实是一种认知扭曲，主要表现为以下四个症状：一是过度关注负面结果，结果错失了宝贵的人生际遇；二是过度自我保护，对风险过度敏感因而长期被恐惧和焦虑困扰；三是过度依赖旧有的经验，把上一次的失败当成不敢去冒险的"金科玉律"导致原地踏步；四是过度追求完美，宁可不成功也不想犯错。

克服小心谨慎，其实并不难，这里提供三个方法。

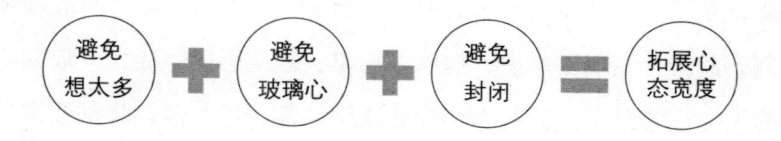

避免想太多 ＋ 避免玻璃心 ＋ 避免封闭 ＝ 拓展心态宽度

方法一：避免想太多。

在契诃夫的小说《小公务员之死》中，一个小公务员就因为打了一个喷嚏而误认为得罪了将军，于是他不断道歉，结果将军并未在意那个喷嚏，反而因为小公务员的道歉而生气，结果小公务员被吓死了。虽然这篇小说有夸张之处，但是现实生活中确有很多类似的小公务员，他们长期困在自己的精神牢笼中，一点一点地毁掉了原本可以惬意许多的生活。

在信息不发达的时代，我们了解的可能只有方圆几里地的事情，听不到什么恶性的杀人案，也不知道外面物价飞涨，更不用担心国际关系。现在是信息爆炸时代，各种新闻都会通过手机、电脑进入我们的大脑：看到有人过劳死了，就担心自己熬夜之后一觉不醒；看到有人相亲被骗了，轮到自己相亲时就像防贼一样防着对方……于是我们就变得过度谨慎，长期处于焦虑状态。

避免想太多，就要学会筛选负面信息，从宏观的、正向的角度去看待问题，不要把自己当成恐怖片的配角，要理性地看待小概率事件和我们的关系。

方法二：避免玻璃心。

玻璃心是精神内耗的一种，会让我们在工作中经不起一点磕碰，受不得一点委屈。从心理学角度来看，玻璃心是一种心理障碍，通常会表现出焦虑、抑郁、自卑、社交恐惧等症状，玻璃心的人往往会对自己的能力和价值缺乏认知，导致他们时常会进行自我否定和自我批评。

那么，如何克服玻璃心呢？一方面，我们要学会正确地自我认知，了解自己的想法和情绪，不要下意识地否定自我，把错误以"内归因"的方式和自己联系在一起；另一方面，我们要学会保持开阔的心胸，当别人对你做出评价时，不要马上启动心理防御机制，而是要换位思考理性看待这些评价，把它当成促进自己成长的催化剂。渡边淳一在《钝感力》这本书中讲过这样一个故事：

> 一家医院有一个医术高超的教授级医生，然而很多实习生都不喜欢跟他，因为他为人挑剔刻薄，稍不满意就会对实

习生破口大骂，可是一位实习生S却没有这样的顾虑，挨骂就听着，让干活就干，无论教授如何刁难都像小学生一样虚心接受。下了班之后，实习生S还照样和同事一起聚会、一起玩耍，丝毫看不出他在工作中受了多大委屈。最后的结果是，他成为同一批实习医生中技术进步最快的那一位。

钝感力就是开阔的心胸，让你在包容外界的前提下正确认识自己。

方法三：避免封闭，多参加团队活动。

过度谨慎的一个诱因是担心受到外人的伤害，而这恰恰是成功路上最大的障碍，因为无论你的个人才能多么突出，你都不可能只依靠个人力量做成某件事。同时，你会因为封闭自我而缺少对他人的了解，从而形成偏见认知，为此我们要尝试和他人接触，在工作中多和同事沟通，在团队活动中学会倾听和表达自己的想法，这样我们才有机会深入了解他人对你的看法，同时也能展示你的人格魅力。

1545年，一位意大利的公爵为了让自己名垂不朽，委托一位画家绘制佛罗伦萨圣罗伦教堂的壁画，最后在众多的候选人中指派了庞托莫。庞托莫虽然也是一位优秀的画家，但还达不到技术顶尖的水平，可他却十分自傲，甚至认为米开朗琪罗也不如他，而且他还喜欢自我封闭，不希望别人看到他"伟大作品"的创作过程。于是在接下这个工作后就把自己封闭起来，与世隔绝。为此，庞托莫在画室工作十一年，在此期间很少离开，也不和外人接触，然而不幸的是壁画最终还未完成，庞托莫就去世了。直到这时，人们才有机会看到庞托莫的画作，结果发现他的壁画比例完全不对，画面重叠，而且把不同故事的人物错误排在了一起。

如果庞托莫不封闭自己，愿意和他人交流，愿意倾听别人的意见，那么他画作中的错误很可能早就被人发现了，他也不会白白耗费人生中最后的十一年。

人生的很多烦恼不如叫"烦脑"，因为它并不真实地存在，而是只存在于我们的大脑中，是一种被迫害妄想，当这种病症变得严重时，我们的思想就钻进了死胡同，而要想避免走入绝境，就要拓展心态的宽度，这样才能给予我们回旋的余地，让心胸变得开阔，人生自然也就充满了坦途和阳光。

4. 想要做成一件事时，就要先学会忍受孤独

做事情不靠谱，没有规划和长远目标。被老板批评两句就辞职，和对象吵一架就分手，甚至个性太强不服管束，我行我素不爱将就……这是不少人对当代年轻人的刻板印象，最终总结成一句就是，这届年轻人不行了。

当你顺着这种批评年轻人的声音去看时，似乎有些道理，但仔细想想，这不过是拿着过去的道德和价值标准来评价当下的人，所以我们不妨逆向思考一下：你们所说的年轻人不行，只是不符合传统评判标准罢了。

事实上，当代年轻人个性强势和叛逆不羁，并不是他们刻意想要标榜自己，而是在这个竞争日趋激烈、充满信任危机的时代有些迷失方向，找不到自我价值感，这种源于内心的冲突在外人眼中就被贴上了负面标签。

自我价值感，指的是个体看重自己、认为自己的才能和人格受到社会重视，在团体拥有一定地位和声誉的同时拥有良好的社

会评价时产生的积极情感体验。当代年轻人，有的人在就业压力下精神困顿，有的在人际关系中倍感迷茫，还有的人在情感之路上屡遭不顺……种种挫折之下就让他们的自我价值感一再降低，有些人就通过反叛和强势来表达自己的不满，但是谁又能否认他们内心不渴望建立自我价值感、进行积极的心理建设呢？他们只是暂时没有找到科学的方法而已。

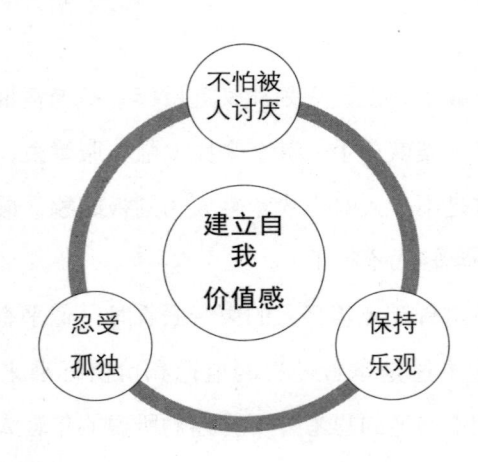

```
         不怕被
         人讨厌

              建立自
              我
              价值感

   忍受              保持
   孤独              乐观
```

具有不怕被人讨厌的能力。

一个人想要获得成功，最重要的一项能力就是不怕被人讨厌，这样才能将命运的齿轮牢牢掌握在自己手中。

心理学上有一个概念叫"重要他人"。他们可能是我们的父母，也可能是我们的朋友和老师，我们在他们面前想要表现得足够好，不想被他们嫌弃，因此从内心深处惧怕被他们讨厌，不过有些人将"重要他人"的范围扩大了，害怕被认识的每一个人讨厌，就在无形中产生了焦虑，不能做真实的自己。

有这样一个女孩，声音甜美、唱功极佳，然而美中不足的是长着一口龅牙。每次她在别人面前唱歌时，都会因为龅牙而感到自卑，导致不敢把嘴张得太大，影响了发音。后来，女孩参加了一次歌唱比赛，因为龅牙十分自卑，所以一心想要掩饰牙齿的缺陷，结果没有发挥好，无论是观众还是评委都觉得她的表情和声音都很奇怪，最后落选了。后来，一位评委发现了女孩潜在的才华，就亲自找到她，说她将来一定会成功，但前提是必须忘掉自己的牙齿。在这个评委的鼓励下，女孩渐渐忘掉了牙齿带给她的阴影，她开始坦然面对自己的这个"不完美"。后来参加一次全国大赛时，女孩忘掉一切，投入唱歌，一下子迷倒了观众和评委，而她的粉丝竟然迷恋上她的牙齿。这个女孩就是著名歌手凯丝·黛莉。试想一下，如果凯丝·黛莉过于在意自己的牙齿是否被人讨厌，就会把注意力转移到如何迎合他人这个方面，她还有机会展示自己的才华和风采吗？

忍受必要的孤独。
孤僻和自我封闭都是不值得提倡的，正如前面我们所说的那样,融入正常的社交生活有助于稳定情绪,但这并不意味着孤独这种状态是错误的,有时候我们的所想所做因为得不到外界的理解,就势必忍受一个时间段内的孤独,这种孤独感正是对自我价值感的肯定。从这个意义上看,完全排斥孤独的人也会一定程度上削弱自我价值感。

20世纪六七十年代,加拿大有一个名叫特里的年轻人,他18岁那年被诊断出骨癌,不得不截掉了他的右腿。然而特里没有自暴自弃,他知道癌症在当时无法被治愈,但他也不想默默等死。有一次,他在报纸上看到一个安装假肢的人在奔跑,这张照片打动了他,于是特里戴着假肢,穿上跑鞋和印着"希望马拉松"的T恤衫,开始了慈善义跑,为癌症病人募集捐款。拖着一条病腿,特里每天坚持跑28英里,途经加拿大的每一个城市和村镇,对人们讲述着义跑背后的故事。起初没有人关注他,然而随着特里奔跑的距离拉长,整个加拿大都知道了他的故事。人们被特里的勇气和意志深深触动了,很多人专门为了见他一面在路边等上几个小时,大家也纷纷为癌症病人捐款。特里的义跑持续了143天直至他的癌细胞全身扩散,最终在22岁去世。这个拥有短暂生命的年轻人,用奔跑5300公里的励志故事换来了2400万加元的捐款,帮助了像他一样的癌症病人。

纵观特里的人生，他显然找到了自我价值感，但是在通往目的地的路途中，他必须忍受一段时间的孤独，这是因为人们对他内心世界的未知和偏见，而当他苦苦撑过了这个阶段以后，他的自我价值才终于被别人认可。

保持乐观主义精神。

自我价值感是由"自我"和"价值感"两个部分组成的，其中"自我"是一个限定词，它意味着这种价值感源于你自己，那么能够给予它延续力量的人也只能是你，如果你在实现价值感的过程中自暴自弃，你就背叛了"自我"，同时抛弃了价值感。

20世纪70年代，美国一家保险公司聘用了5000名推销员进行培训，每个人的培训费高达3万美元。然而，这5000名推销员第一年就有50%的人辞职，过了4年剩下的甚至不到20%。经过调查发现，离职的人主要是因为在推销保险的过程中总是面临着被拒之门外的尴尬，于是很多人在遭遇冷落之后就变得悲观消沉并选择了离开。为了解决这个问题，保险公司邀请一位心理学家帮助公司寻找最适合的推销员。心理学家对保险公司的15000名员工进行测试，一种是常规的智商测试，另一种是乐观程度的测试。经过跟踪研究发现：有的员工虽然在智商测试中成绩不佳，但是在乐观测试中获得优异成绩,这些员工的业绩表现十分突出。

乐观主义者和悲观主义者的最大区别在于,前者能够接受失败,后者畏惧失败。能够接受失败的人,会将失败的原因归结为自己能够改变的事物,而不是那些一成不变、无法克服的东西,所以才会更加积极努力地去改变不利的现状,而在这个抗争的过程中就强化了自我价值感。

"励志大师"拿破仑·希尔说过:"世界上没有任何人能够改变你、打败你,除了你自己。"当我们在追求自我价值感的道路上遭遇重创时,我们应该抱定坚持下去的勇气和信念,**学会接受别人的否定,学会忍受必要的孤独,学会用乐观主义鼓励自我,我们的人生才会如哈佛大学流传的名言:"对于凌驾于命运之上的人来说,信心是命运的主宰。"**

5. 这世上哪有什么完美，你要做的是接受自己

　　一位陶瓷老师在开学时宣布了一个消息，他准备把学生分成两个小组，一个是数量组，另一个是质量组，数量组的学生得分高低取决于作品的数量，而质量组的学生得分高低取决于作品的质量。在最后一节课时，老师拿来一杆秤，称数量组学生的作品，只要超过25公斤就能被认定为A，而只超过20公斤则被认定为B……以此类推；至于质量组，必须拿出一个完美的作品才能获得A。老师原本以为质量组的作品会更加出色，然而到最后一节课的时候，奇怪的事情发生了：那些高质量的作品无一例外都来自数量组。经过老师询问得知，虽然数量组的学生一直在忙于完成大量工作，可是他们却从错误中不断总结经验，技法得到了快速的提升，作品质量自然也越来越高。相比之下，质量组就是另一番景象了，学生们不急于出作品，而是坐在工作台前构思着、推理着、商量着最完美的制作方法，但是随着时间一分一秒地流逝，

摆在他们面前的依旧只有一堆黏土。

在你身边或许存在这样的人：做事力求完美，绝对不允许出任何差错，一旦没有达到预期就会懊恼不已……这种人就是俗称的"完美主义者"。然而，很多时候我们自己也难以摆脱完美主义的影响，对自身存在的缺陷耿耿于怀，或者像质量组的学生那样，从一个高难度的目标入手，结果却一无所获。

追求完美不能说是一种病态，但是这种态度发展到极致时，就会给完美主义者本人以及身边人带来麻烦。在心理学家看来，过于苛求完美甚至有可能导致灾难性的后果。

其实，我们之所以在意自己的缺憾，无非是顺向思维的结果：因为我不够完美，所以会有一些人不喜欢我。实际上，我们应该逆向思考：正因为你的不完美，才有可能会让人更喜欢你。这不是心灵鸡汤，而是有理有据的结论。

美国加州大学心理系教授艾略特·阿伦森提出一个"出丑效应"，也叫"犯错效应"或者"仰巴脚效应"，是说缺点太多的人和绝对完美的人都很难讨人喜欢，真正讨人喜欢的人物往往是看起来有些优点但又带着小缺点的人。阿伦森是如何得出这个结论的呢？他曾经做过一个试验：

把四段情节相似的访谈录像分别放给测试对象看：A 段

录像中是一个非常优秀的成功人士,表现自信,谈吐不俗;B 段录像中同样是一个成功人士,不过他的表现略显羞涩和紧张甚至把桌上的咖啡杯碰倒了;C 段录像中是一个非常普通的人,态度很自然但毫无特色;D 段录像中也是一个普通人,紧张不自然并且也打翻了咖啡杯。最后,阿伦森让测试对象从四段录像中选出一位最喜欢的和最不喜欢的人,结果是 D 段录像的受访者最不受欢迎,而最受欢迎的是 B 段录像的受访者——有高达 95% 的测试者选择了他。

这个试验告诉我们,对于那些已经具备了某些优点的人,一些小失误、小瑕疵并不影响人们对他们的好感,反而会给人呈现出一种真实感和亲切感,而如果一个人表现得完美无缺反而会让人产生距离感和虚假感,因为我们潜意识里认为此人把缺点隐藏得太深了。在这个理论的支持下,我们应该做那种有优点但不刻意隐藏缺点的人,这样才能更受欢迎。

美国传奇总统林肯,他的政治素养和演讲天赋都堪称完美,但是他丑陋的外貌却破坏了这种完美,让他和很多人初次打交道时都吃了大亏,但是林肯并没有被这种缺憾影响,反而不断强化他的表达技巧和人格魅力,最终成为一个善于洞察人心并能说服大众的优秀领导者。

一些人纠结自身的不完美,大概率是因为身上贴着"性格内向""社交恐惧"之类的标签,毕竟这些不是主流观点认可的特质。其实,人的性格多种多样,而性格本身并没有好坏之分,因为它们都可能存在两面性:一个激情四射的人或许有很强大的感染力,但很可能缺乏忍受孤独埋头苦干的特质;一个温和沉静的人或许不会惹麻烦,但很可能也不会在关键时刻独当一面。

心理学有一个"PDP测试法",将人的性格用五种不同的动物来代表:老虎代表着果敢和冒险,孔雀代表善于沟通,猫头鹰代表讲究原则,无尾熊代表顺从被支配,变色龙代表适应环境。经过调查分析,其实每种性格都有各自的优势和劣势,它们都存在一定程度的不完美,但这并不妨碍拥有这些性格的人受人喜欢并走向卓越。

PDP测试法向我们揭示了一个真相:没有哪种性格是绝对好或者不好的,它们有各自的生存优势。正如心理学家荣格所说:人的性格没有纯粹的内向或者外向。从这个角度看,**我们每个人本身就是各种性格元素的组合体,我们要做的是发挥性格中的优势,这样才能让别人更多地注意到我们的闪光点,同时包容我们的瑕疵。**

丘吉尔曾说:"完美主义等于瘫痪。"如果一个人为了达到完美而拼尽全力,那么内心很难获得真正的快乐,因为他将终日生活在和不完美的斗争中,即便他获得了成功,即便他赢得了一部分人的喜爱,但是他并没有真正获得自信,因为他一直活在别人的期待中，内心并没有真正认同自己，他只会在自卑的驱使下继续和自身的不完美鏖战，而那些放弃追求完美的人，反而在释怀和豁达中活成了真正的自我。